U0229774

经典创意UI

PHOTOSHOP

移动与网页UI电商设计

刘畅 编著

中国铁道出版社
CHINA RAILWAY PUBLISHING HOUSE

内 容 简 介

本书共分十个章节，均使用图文结合的方式进行编写，浅显易懂。全书串联起来，是一种由浅入深、由深至广的写作方式。书中的许多知识是作者多年UI设计工作经验的总结，书中的首页设计、详情页设计、直通车设计、海报设计均是电商设计中会出现的设计分类，除此之外，作者还将自己为客户创作的网页设计中的部分案例展示给大家，同时对作品的合理与不合理之处进行了分析与建议，系统化地向读者讲述了本书的相关规范和原理。

书中的理论均为实用型，都是有据可循的问题，都是在设计实践中会碰到的。本书适用于设计初学者及在设计中遇到瓶颈需要有所突破的设计师，书中的相关内容希望能为你打下坚实的基础，养成良好的设计习惯。

图书在版编目（CIP）数据

经典创意UI ：Photoshop移动与网页UI电商设计/刘畅编著. —北京：中国铁道出版社，2017.11

ISBN 978-7-113-23253-5

Ⅰ.①经… Ⅱ.①刘… Ⅲ.①移动电话机－人机界面－程序设计②图象处理软件③电子商务－网站－设计Ⅳ.①TN929.53②TP391.413③F713.361.2④TP393.092

中国版本图书馆CIP数据核字（2017）第137721号

书　　名：经典创意UI——Photoshop移动与网页UI电商设计
作　　者：刘　畅　编著

责任编辑：张亚慧　　**读者热线电话**：010-63560056
责任印制：赵星辰　　**封面设计**：MXK DESIGN STUDIO

出版发行：中国铁道出版社（100054，北京市西城区右安门西街8号）
印　　刷：北京铭成印刷有限公司
版　　次：2017年11月第1版　2017年11月第1次印刷
开　　本：787mm×1092mm　1/16　**印张**：16　**字数**：338千
书　　号：ISBN 978-7-113-23253-5
定　　价：69.00元

前言

通过翻阅本书，书中内容所呈现给大家的是各种互联网界面设计案例，当今是以互联网发展为主的时代，人们的生活方式都离不开电商购物、手机娱乐，互联网已占据了人们生活的相当一部分。憧憬着设计出精美的海报或者充满灵性图片的设计师不在少数，其实资深设计师与初级设计师都是在共同成长着，大家各自扮演着设计领域的不同角色。初级设计师通过正确理论的学习，以及不断地练习与琢磨，是可以在较短的时间内上升为资深设计师的。

我们看到任何优秀的互联网 UI 设计作品，都是有一定的设计原理的，而非凭空想象。商业设计与纯艺术的区别就是如此，前者有着许多的规范、条例，如果想要让用户接受，要在条例范围内进行创作，最终有人为你的设计付费，或者你的设计在市场上得到了广大用户的认可并被转化成商业利益，这时候的你才能够算得上是一位真正的 UI 设计师（UI 设计师并非创作出足够精美的作品就会被业界认可，设计师的真正价值主要在于通过自身创作佳品，进而为客户转化出多少商业价值来作为评判标准）。该书为大家介绍了很多关于 UI 设计规则之类的设计原理。

想必大家在美术院校或者专业学校里都没有学到过类似的设计理论吧！学校只是一个铸造基本功的地方，很多设计原理还得在工作实践中才能真正体会到。在工作中大家都是

PRE
FAC
E —

不断地学习前辈设计师的设计技巧或者直接受到美术指导的建议，在这样的不断学习过程中总结出来的实践经验。其实这些经验总结起来也是有一定规律的，所以我们为什么说好的设计公司不断推陈出新，通过培训新的理论知识来强化高级设计师的设计技能，让整个公司的设计水平再上一个新台阶。

身为 UI 设计指导的我编写此书的目的，一是想把我多年从事互联网设计所体验到的设计规律、技法一并收录并撰写成书。通过学习并掌握书中的理论知识之后，希望可以为你设计下一个新项目提供可靠的标准与基础，并可大幅度地提高自身的设计水准，最终拿出好的作品去打动客户。二是希望能让初学者或者正遇到瓶颈的设计师们找到正确的设计方法，尽量少走弯路，纠正不好的设计习惯。通过阅读本书并将里面的知识学以致用，最终促使你的设计水平有所上升，并能从设计中找到更多的乐趣，这将是我出版此书的最大收获。

刘　畅

2017 年 6 月

目录

Table of Contents

Table of Contents

expe

chapter 1 / 第一章

第一章

了解设计心理以及用色技巧

爱德马法则

爱德马法则（AIDMA）是对人类消费行为五个过程的分解说明。共分五个步骤，即“注意（Attention）、兴趣（Interest）、欲望（Desire）、记忆（Memory）、行动（Action）”的大写首字母组合而成，这是在商品交易或商品开发等领域经常被提及的词语。下面用一张逐步演变的图形展现，以便于大家能更好地理解，如图 1 所示。

1

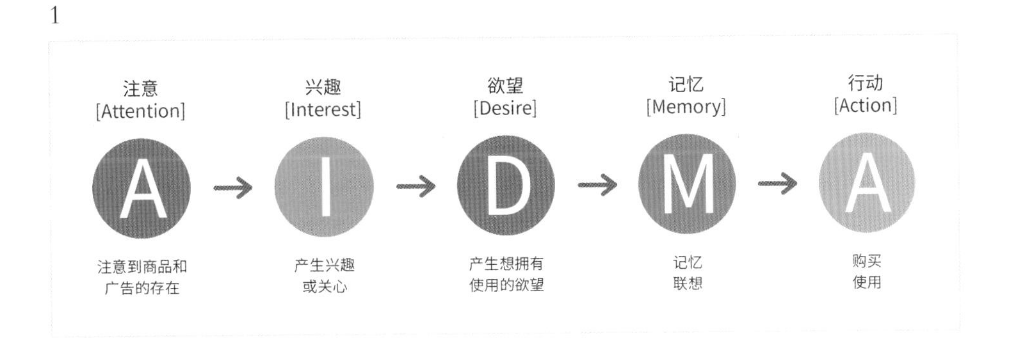

图 1 标示了买家在网店看到某件商品或者广告后，到实际付款购买前的过程。实际上无论我们是在逛街或者翻看网店时也会采取类似的行动模式。我们在打开一个网店的时候，则会无意识地遵循爱德马法则顺序：网店的设计能否引起观看者的注意（Attention），对商品产生兴趣（Interest），产生拥有的欲望（Desire），进而留下记忆（Memory），最后采取购买行动（Action）。

我们在设计电商网页的时候，要领悟你的设计会影响到什么样的人，要对你的买家会产生什么样的行为，提前有一个充分的认识。无论你的网页设计得多么精美，最终没能让观看者采取购买的冲动，也是没能完成这个设计的使命。

配色、取色技巧

概述：

颜色与其他的设计要素不同，不能轻易断言颜色将会给我们传递何种“绝对”的印象。这是因为大家通常很难正确地把握好“颜色”，而且颜色带给大家的印象就是主观性非常大。

凡是从事设计工作的人，一旦想要将信息准确地传达给大众视线，用色切忌含混不清。必须使用各种方法使颜色正确地表现、传达，要做到这些，先要掌握颜色的性质。

01 颜色的基本知识

设计中不可或缺的要素就是颜色，它足以使一幅完美的作品举世瞩目，然而未配好颜色的作品也会因此毁于一旦。下面来分析一下颜色所具有的特性。

我们眼中看到的颜色，依据和光线的关系有两种分类方式。一种是光线本身所带有的颜色，是运用“加法混色”的原理混合出各种各样的颜色。只要有红（Red）、绿（Green）、蓝（Blue）三种光色，就能混出所有的颜色，三色同时叠加为白色。三原色常用于电脑的显示屏幕或数码照相机的图像（图 2）。

2

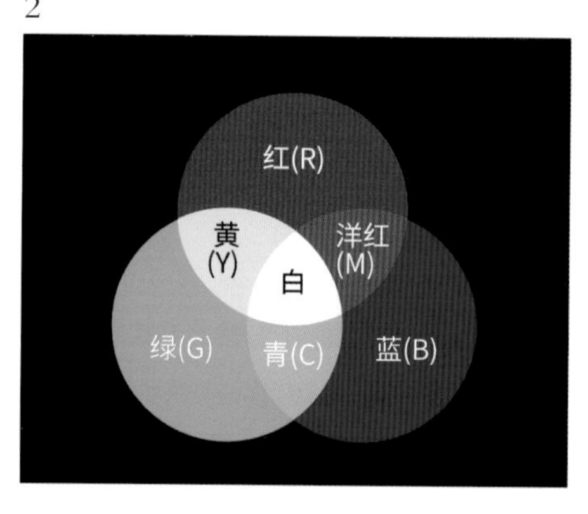

取这三种颜色的首字母，将混出的颜色称为“RGB”色彩

另一种是把颜料或油墨印在某些介质上，就是我们平时经常看到的宣传册、包装盒、时尚杂志等纸质的印刷品。这种通过在介质上面的反射来表现颜色的方法，称为“减法混色”。它由青（Cyan）、洋红（Magenta）、黄（Yellow）三种颜色组合而成，通过这三种颜色，就能够混合出其他的颜色。大多数的印刷品，都是由这三种颜色再加上黑（Black）色所组成的“CMYK”四色油墨印刷而成的（图 3）。

若要理解颜色给人带来的影响，我们则需要记住正确的色彩分析方法和专业术语。颜色有各种各样的分类和表现方法，我们对最常用到的“蒙塞尔颜色表示体系”进行解说。它将颜色体系分为“色相”“饱和度”和“明度”三种要素。

3

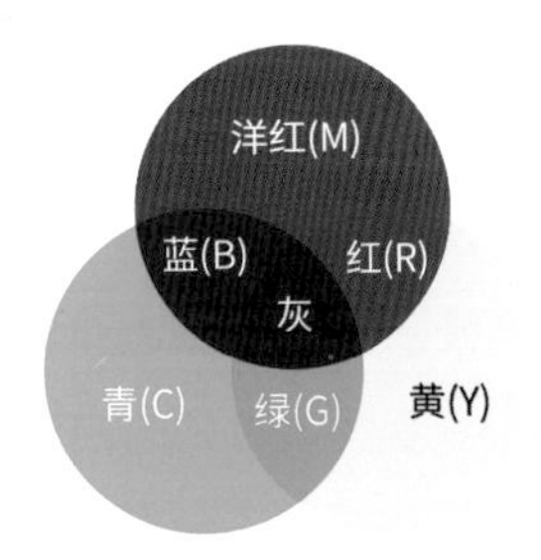

如果再加上黑色，四种颜色就构成了印刷品的基本油墨色“CMYK”

色相是色彩的首要特征，是区别各种不同色彩最准确的标准。最初的基本色相为红、橙、黄、绿、蓝、紫。在各色中间加插一两个中间色，其头尾色相。按光谱顺序为：红、橙红、黄橙、黄、黄绿、绿、绿蓝、蓝绿、蓝、蓝紫、紫。红紫、红和紫中再加个中间色，可制出十二基本色相（图 4）。

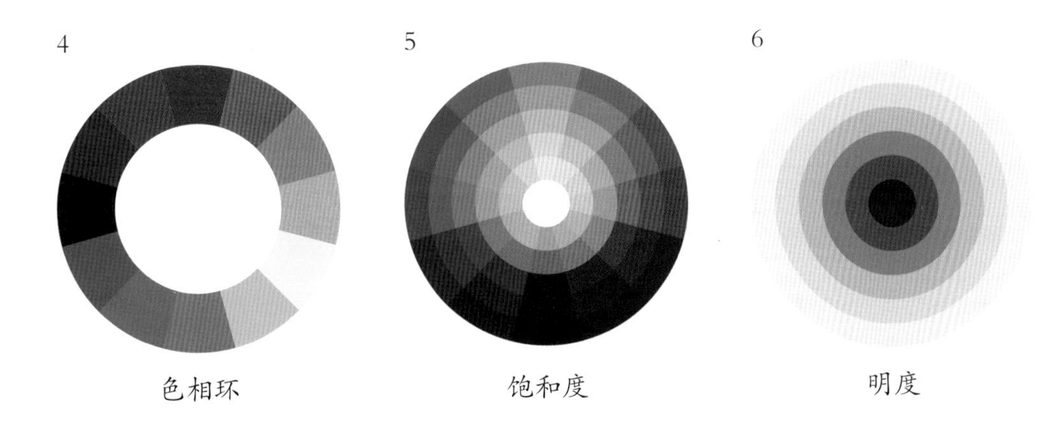

4 色相环　　5 饱和度　　6 明度

饱和度是指颜色的鲜艳程度。用饱和度来表示颜色的“鲜艳”或“暗淡”。颜色越鲜艳饱和度越“高”，颜色最显眼、饱和度最高的颜色称为“纯色”。相反，颜色越暗淡则饱和度越“低”，饱和度最低的是被称为“无彩色”的灰色（图 5）。

明度是指颜色的明暗程度。不同色彩有不同的明度，即使同一种色彩，其明度也有不同（图 6）。

以上介绍了颜色的表现手法，不仅在现实生活中形容颜色时会使用，在设计上更是常常提到的术语，因此需要记住每个词的含义。

02 视觉的识别性

我们做 UI 设计的时候，经常使用到的颜色，通常是由多种颜色混合而成的，就算是在显示器上看到的白色，都是由 R、G、B 三种颜色的最高值“255”组合而成（图 7）的；在纸质印刷方面，白色就意味着不需要任何颜色，C、M、Y、K 的值均为“0”，表示在印刷的时候四色均不用色。所以说，在媒介与纸质上的用色方式区别相差较大。

我们在做设计的时候，虽说颜色搭配可以随意自由，但是光凭感性来配色是远远不够的。依据环境的变化不同，颜色的呈现方式也会随之变得多种多样（图 8）。

当我们在设计作品的时候，尤其是文字和符号必须要清晰可见。能否将重要信息呈现得清晰与否，直接关系到用户的体验感受，这就称为“视觉识别性”。颜色的视觉识别性有明确的规则，叫作“明度差”。明度是指颜色的明亮度（有关明度请参考上页），而在色彩搭配中，几种颜色之间的明度差，左右着视觉识别性的高低（图 9）。

图 9 左侧三行标识中的颜色组合让人很难辨认清楚文字，这是因为色彩搭配时颜色之间的明度差不足。

右侧三行标识虽然背景色和左图相同，但是文字都显得清晰易读。这是由于文字和背景色之间的明度差拉大。

7

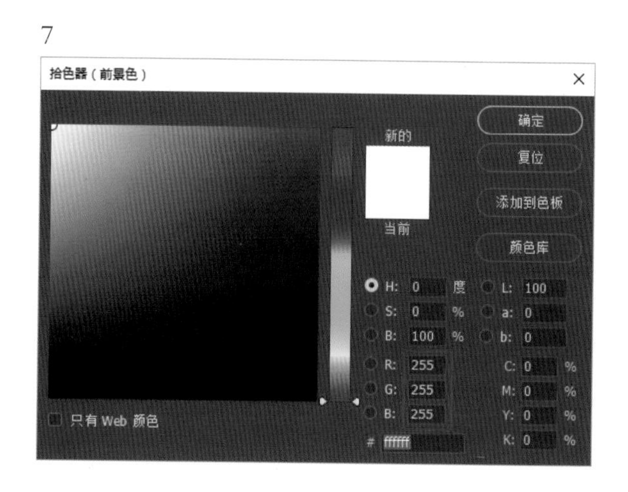

8

颜色所呈现出来的效果会随背景颜色变化而变化，图中可以看到有的颜色在白色背景中比较清楚，有的颜色在黑背景中才会清楚显示。

9

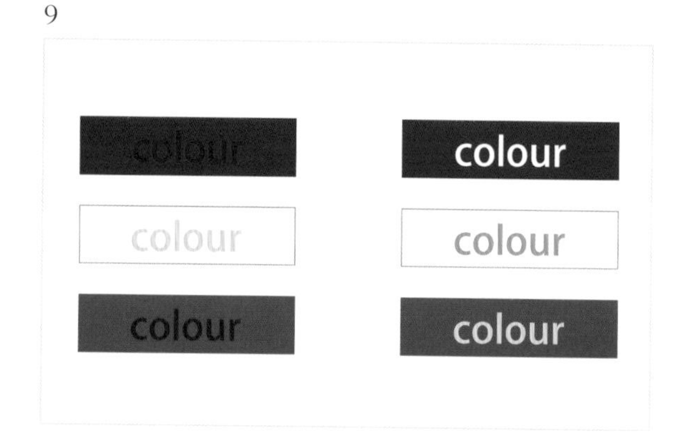

因此，在设计需要轻易辨别重要文字和符号的时候，尽量选择与背景颜色有明度差的颜色。

需要往图片中加入文字排版也是同样的道理。若希望在深色系的图片中让文字清楚地显现，就要选择明度最高的白色或者接近白色的颜色。相反，若要在明亮的图片中加入文字，就要选择明度最低的黑色或者接近黑色的颜色。这样，才能通过明度差来提高文字的视觉识别性。

但是，如果图片是既不亮又不暗的中间颜色，那么不管是白色还是黑色都无法辨认清楚。在这种情况下，无论使用什么颜色都不能得到理想的效果（图 10）。因此，可以改变思路，尝试改变图片的颜色或者在文字区域周围加入背景色。

10

在这种中间色调的图片中，无论搭配白色还是黑色的文字，都很难被人识别出来。如果白色或者黑色都不能被清晰地呈现出来，那么任何颜色都无法被识别。

我们使用同样的背景图片，只是在图片上加入了黑色的透明层，这样显现出来的效果就截然不同。在深色背景上显现出来的白字，想让它不突出都难。

我们再来看一个图例（图 11）。

11

12

如图 12 所示，这是我之前设计过的一些色彩比较凸显的 LOGO 案例，为了让这些多彩颜色(multi-colour)的LOGO显现效果，特意选择了能和任何颜色形成鲜明对比的明度差的白色作为背景色，各个 LOGO 在纸上的效果是一目了然。

一旦把背景色改为图 11 的橙色系，你看到后会是什么样的感受？虽然还有部分元素能够被我们清晰发现，但有很大一部分与背景相似明度的元素明显是被减弱了明度差，视觉的识别性受到了很大的影响，因而就没有突显出多彩 LOGO 颜色的效果。

03 和谐的配色

“配色”虽说在设计中是十分有趣的，但同样也是最难、最不好掌握的工作。虽然随意搭配颜色能使你的工作进度加快，但是这样设计出来的作品算不上是一幅佳作。首先，我们要统一好整幅画面的色调，保证好整体的协调性。其次，遵循配色和谐统一的原则，即调整好颜色的“明度”和 “色度”的关系，如图 13 所示。

13

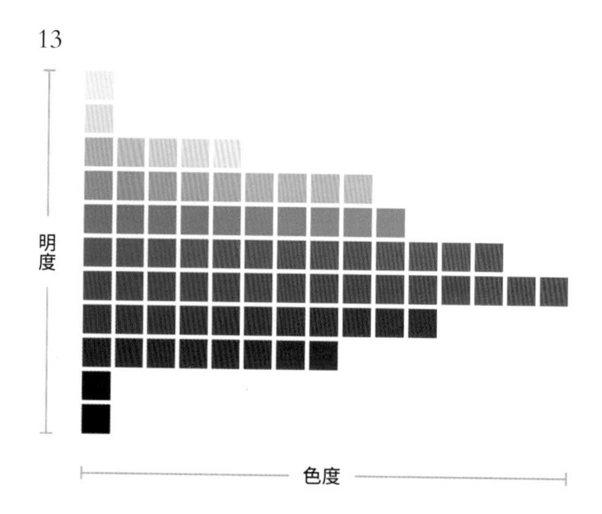

14

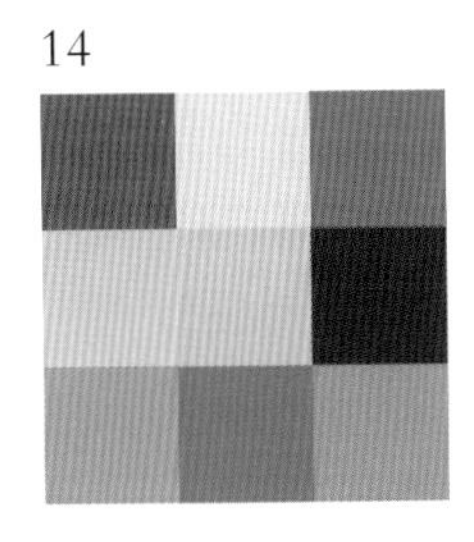

图 13 中的竖向表示明度，横向表示色度。即使是色相相同的颜色，也有明亮与黑暗、鲜艳与黯淡的差异。

所以说，无论使用何种色相的颜色，只要将明度与色度和谐搭配，就能取得漂亮的配色。

如图 14 所示，左侧魔方是随意搭配出来的色块组合，它会给人带来不和谐的杂乱感。图中的颜色选择没有经过明度和色度的考虑就直接上色，因此毫无秩序章法。

右侧魔方虽然和左侧的色相相同，但是对它的明度和色度在基础之上明显做了不少调整，这样一来，整个色块组合就得到了舒适的协调性与条理性。

明度与色度的颜色倾向称为“色调”。根据明度与色度的搭配，色调可以表现为各式各样的色环（图 15）。

15

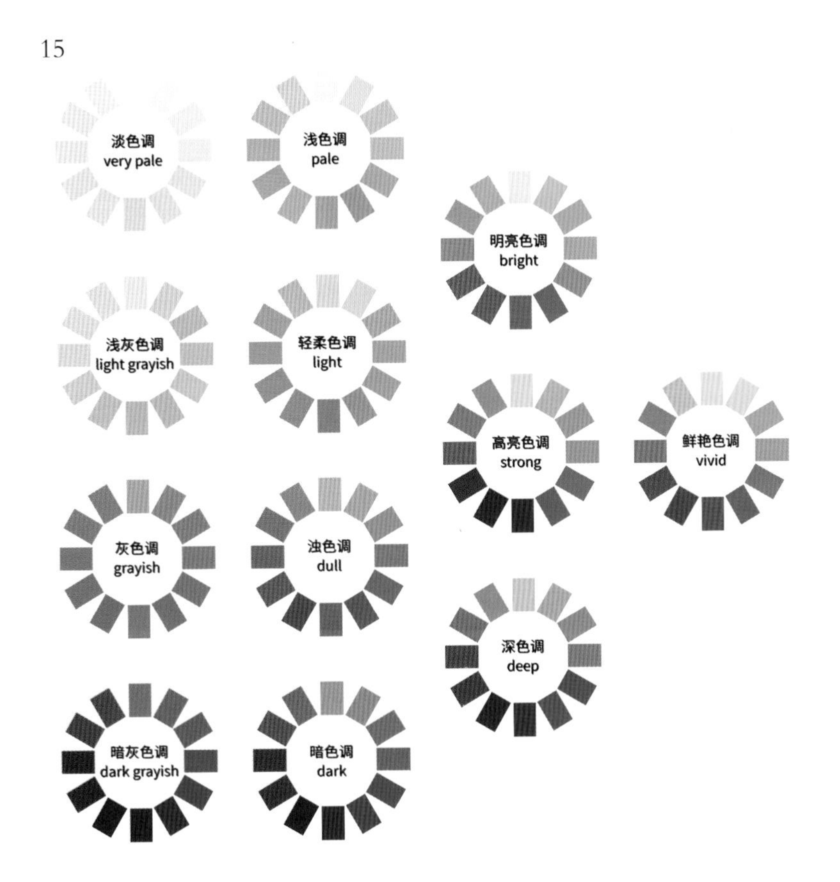

如图 15 所示，像这样色度和明度的集合就叫作“色调”。在配色时选择同一色调的颜色，可以让整个版面显得更为协调。在图中，越朝上的色调组合明度就越高，而越朝右的色调组合色度就越高。

当明度处于中间色调，而色度处于最高色调的组合称为“鲜艳色调”，这种鲜艳的颜色组合能给人带来朝气的印象。当明度与色度都很高的色调称为“浅色调”，这是一种浅、淡并且十分可爱的颜色组合。

实际上，我们利用色调进行配色的时候，只要从同一色调中选取即将使用的颜色，整体页面就能呈现出色调和谐的状态。这是因为从同一色调中选取颜色，不但能突出版面的条理性与协调性，还能避免某些特定的颜色过于抢眼，从而使版面各种颜色均等协调。

16

图 16 所示为一个统一使用明亮色调的个人成长微信圈宣传海报。图中展现出的鲜艳色彩，目的是为中小学生的个性学风做宣传。

17

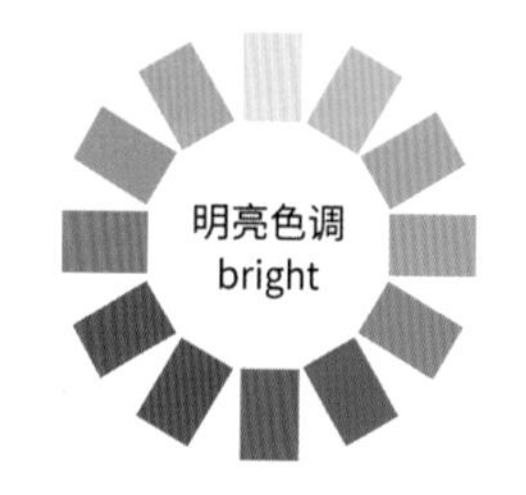

图 17 所示为例子中使用的色调。高色度的颜色组合给人以年轻有朝气、活泼的正面印象。

如图 18 所示，这是一个统一使用浅灰色调的留学网站首页设计。通过加大浅色背景色块面积，更加突出了欧美留学风格。整个界面统一浅灰色调，不会让任何颜色太过抢眼，呈现出色调均衡的状态。

图 18 中背景的颜色、重点部分的底色及文字的颜色分别使用了三种不同的色调。即便使用多种色调，只要各个色相搭配得当，就能维持整体协调。图 19 所示的色调是对图 18 的归纳，即灰色系色调。

18

19

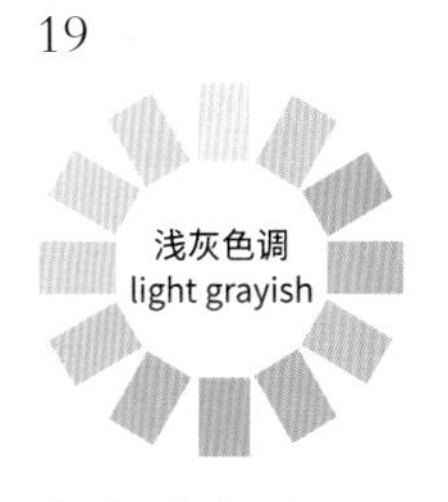

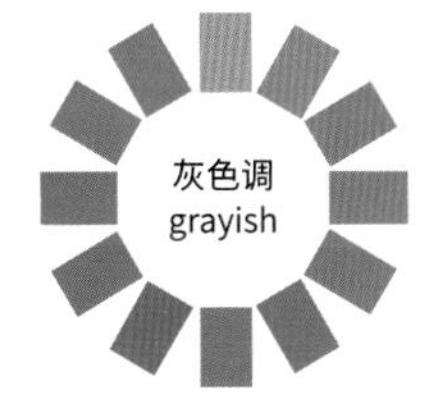

灰色系色调

04 配色塑造形象

从色彩治疗这一心理疗法中可以得知，颜色具有影响人心理状态的力量，这是因为颜色都有“形象”。

要说到颜色的形象，或许大家难以理解，因为它是无形的，是通过色彩来表达感情。如果说大家把生活中常见的事物和它们自身存有的颜色联系起来，就更容易想象了。

一、春天形象配色

比如说我们需要设计一套以春天形象为主题的配色，就是春天常见到的嫩叶、花朵、爽朗晴空等颜色的组合。可见，艺术源于生活，又高于生活。设计是通过我们生活中所观察到的点点滴滴从而加工出来的产物。我们要用春天场景进行配色，如图 20 所示。

20

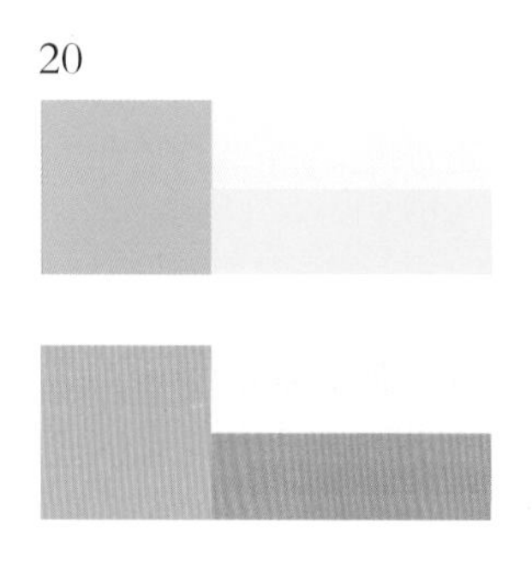

这是通过对春天形象的理解从而搭配出来的一套配色。全色均采用高明度、高色度的颜色，以绿叶、新芽、透彻的天空、桃花花瓣等自然界的颜色进行搭配，散发出春天的气息。

二、古典形象配色

古典形象配色可以考虑使用家具、古木、陶土等颜色的组合来表现。虽然这些颜色并非在大自然中随处可见，但由于它们都是大家所熟知的具体“事物”的色彩，因此也能表现出各自独有的形象（图 21）。

21

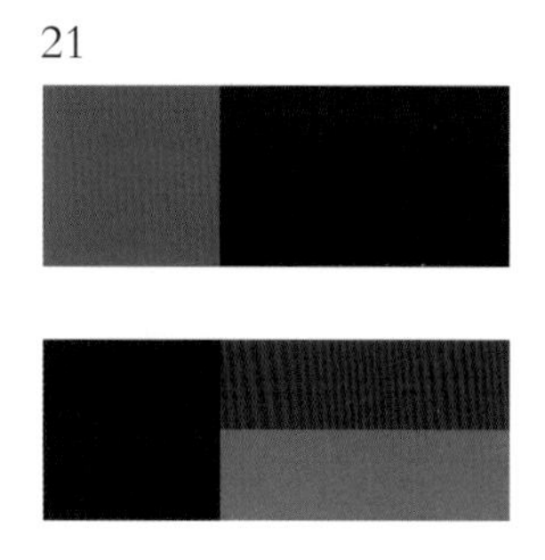

这是我们通过对古典形象的理解从而搭配出来的一套配色。采用古木、老式家具、古典服饰、老式红墙等人造物品的组合来表现。古典形象最大的一个特点是颜色搭配的明度和色度较低，它与春天形象的配色方式正好相反。

三、冰冷形象配色

冰冷形象的配色可以选用我们平时实际中感受到冰冷、坚硬的形象，比如海水、金属、冰等颜色的组合。如果使用稍带蓝色的“寒色”或者毫无色彩的颜色组合，总能给人带来冰冷的感受，配色如图 22 所示。

22

这是我们通过对冰冷形象的理解从而搭配出来的一套配色。虽然人们对“冰冷”这个词的理解比较模糊，但只要联想到冰、水、雪、薄荷等冰凉的事物，再通过这些“寒色”的形象去选取配色就要相对容易得多。

看过恐怖片的人就有类似的感受：当出现惊险场面或者即将发生前所未知的恐怖画面之时，通常我们看到的场景都是一副冰冷的画面，整个屏幕充满了令人畏惧的“寒色”。这就是配色带给电影的无穷魅力，它既能将我们的情绪引向高潮，也能让我们内心感受到久违的温暖。

四、流行形象配色

流行形象很难被我们想象成事物，我们可以把流行比拟成时尚、潮流。这类特殊形象的配色，通常在大自然中是见不到摸不着的颜色组合。流行形象配色如图 23 所示。

23

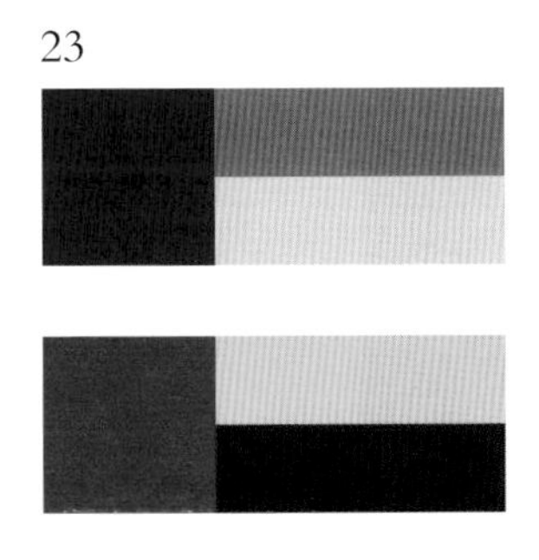

这是我们通过对流行形象的理解从而搭配出来的一套配色。
“POP”代表着年轻人的流行文化。
如果使用高色度的纯色做出不常见的搭配，就能给人带来新鲜的感受。

各个色彩形象及其所对应的形容词（图 24）。

24

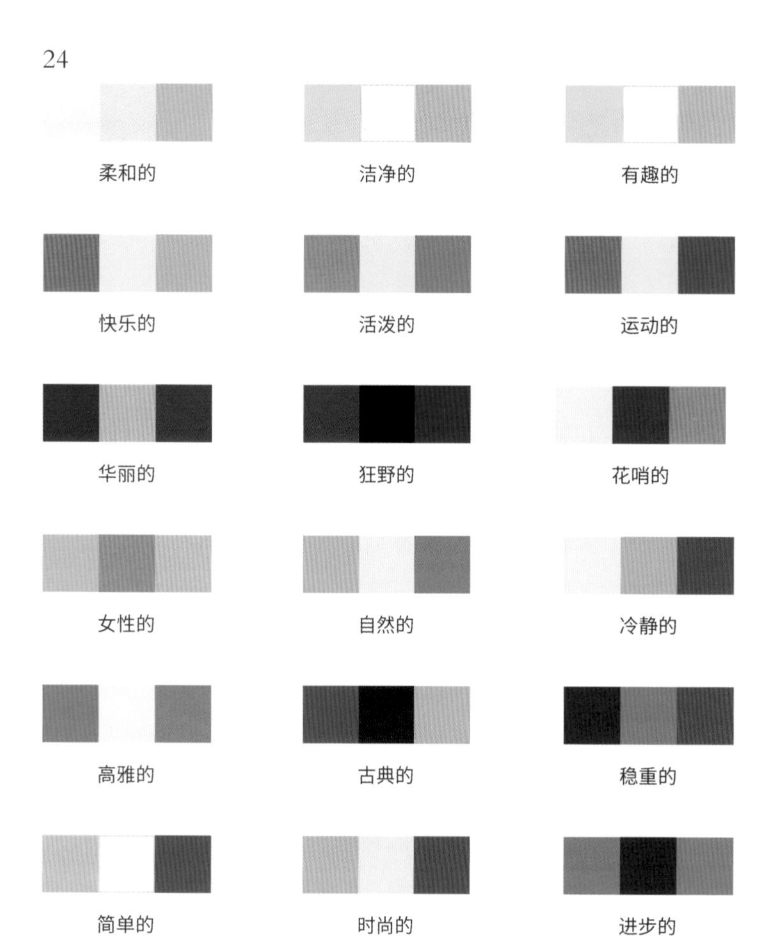

因为每个人生长环境不同，所受到的教育、生活方式迥异，因此不同的配色也许会给每个人带来的印象有所不同。但是大多数人对于颜色的理解还是有共同感受的。分析他们对于颜色的共同观感，总结出图 23 中的色彩形象图。图 24 中每三种色块合并的组合则代表了一种情绪色彩。

25

这是一张关于三亚旅游的活动 Banner 设计，因为这是针对三亚当地旅游景点的活动宣传海报，因此整个背景使用了一张三亚的海边露营酒店的图片。黄色、绿色与蓝色的文字搭配组合，以及整幅画面统一使用了高明度和高色度的色彩搭配，主要就是为了能给人带来一种轻松愉悦的旅行感受，仿佛让人置身于春风美景的海边正享受天伦之乐。

如图 26 所示，这是有着匈牙利传统名小吃称号的烟囱卷网站首页设计，因为这种类别是偏古典高贵类型的题材，因此颜色的明度与色度就不能太高，控制在一定范围就行。为了给画面增添古典高贵的气质，除了在色彩搭配上的运用，我还在背景上设计了使用铅笔线条勾勒出的素描图案，这样一来，就能够成功烘托出整体高雅的欧式古典气氛。

26

27

图 26 的首页界面使用了带有古典高贵的配色。在背景上使用了图 27 中铅笔勾勒出的线条图案，看起来有古典欧洲的线描风格。

色彩搭配方法

一、三原色：红、黄、蓝

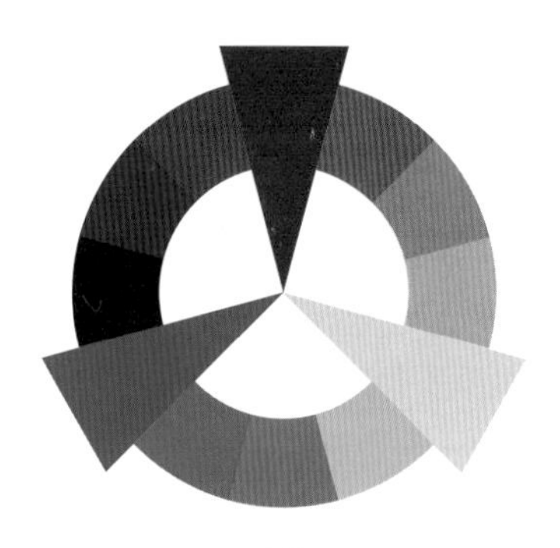

28

所有颜色的源头被称为三原色，三原色是指红色、黄色和蓝色（图28）。网店装修则是指屏幕的显示颜色，显示器的三原色则分为红色、绿色和蓝色，也就是我们所熟悉的RGB。

人的眼睛是根据所看见的光的波长来识别颜色的。可见光谱中的大部分颜色可以由三种基本色光按不同的比例混合而成，这三种基本色光的颜色就是红（Red）、绿（Green）、蓝（Blue）三原色光。这三种光以相同的比例混合且达到一定的强度，就呈现白色（白光）；若三种光的强度均为零，就是黑色（黑暗）。这就是加色法原理，加色法原理被广泛应用于电视机、电脑、监视器等主动发光的产品中。

二、间色与复色

间色又叫“二次色”。它是由三原色调配出来的颜色，是由两种原色，按照 1 ： 1 调配出来的。红与黄调配出橙色；黄与蓝调配出绿色；红与蓝调配出紫色，橙、绿、紫三种颜色叫“三间色”。 在调配时，由于原色在分量多少上有所不同，还可以产生丰富的间色变化。

将这些颜色应用进项目中，可以提供很强烈的对比（图 29）。

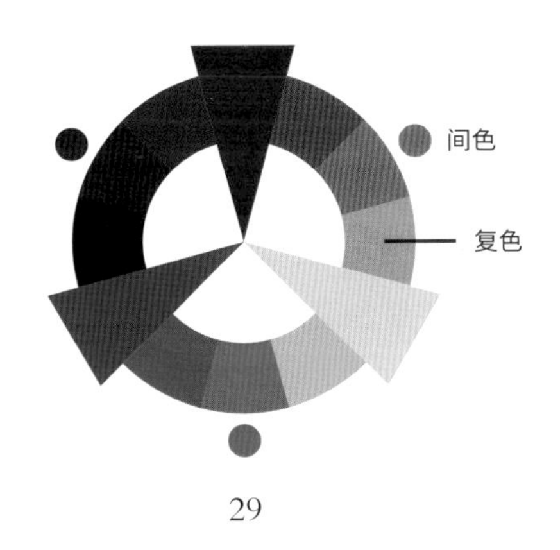

29

复色也叫三次色、再间色和复合色。三次色来源于间色与原色的混合色系，它的主要颜色有：红紫色、蓝紫色、蓝绿色、黄绿色、橙红色和橙黄色（图 29）。

复色是最丰富的色彩家族之一，千变万化，丰富异常，复色包括除原色和间色以外的所有颜色。复色可能是三个原色按照各自不同的比例组合而成，也可能由原色和包含有另外两个原色的间色组合而成。

因为含有三原色，所以含有黑色成分，纯度低。如果我们把原色与两种原色调配而成的间色再调配一次，我们就会得出复色（Tertiary Colors）。复色是很多的，但多数较暗灰，而且调得不好，会显得很脏。因此，如果使用不好，就尽量慎用复色。

三、强调色的用法

不同颜色搭配可以产生各种各样的效果。颜色的形象可以打动人心。本部分，我们将从视觉效果层面介绍强调色，让大家学习后可以正确地运用这种凸显部分颜色的方法。

如果希望以颜色来强调元素，配色中的各个颜色间必须要有明显的差异。具有差异的颜色搭配，可以产生特殊的效果，我们称之为对比效果。色彩的对比效果分为五类，分别是色相对比、色度对比、明度对比、补色对比、面积对比。

Ⅰ - 色相对比

色相对比是指将存在色相差异的颜色互相搭配的方法。不同颜色的组合，会呈现给别人不同的色彩效果，如图 30 所示。

30

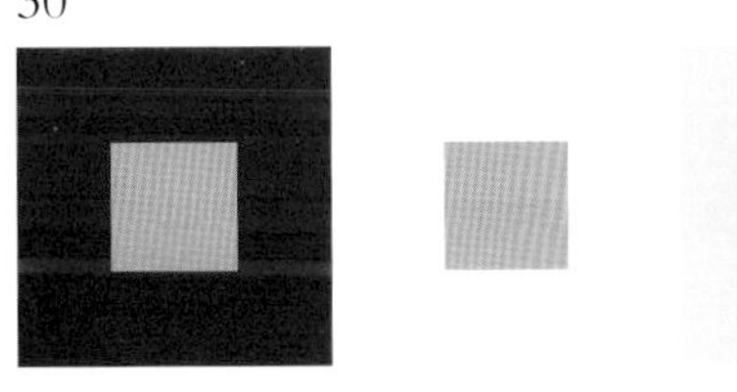

红色背景中的橘黄色显得比实际中的要黄；相反，黄色背景中的橘黄色显得要比实际上的颜色更红。

Ⅱ - 色度对比

色度对比是指将高色度和低色度的颜色相搭配的方法。在这种情况下，色度较高的颜色搭配鲜艳的颜色可能会显得略微灰暗；相反，色度较低的颜色搭配鲜艳的颜色可能会反衬出颜色的鲜艳，如图 31 所示。

31

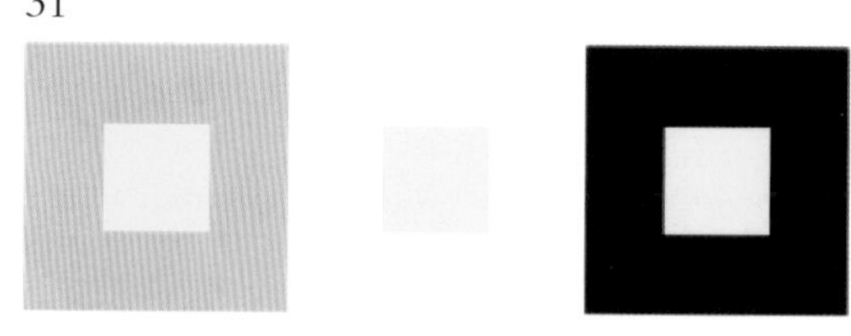

明度较高的背景中的黄色显得要比实际上的效果更灰暗；相反，深色背景中的颜色显得要比实际上的效果更鲜亮。

Ⅲ - 明度对比

明度对比是指将高明度与低明度的颜色相搭配的方法。中性明度的颜色搭配明亮色会显得更为昏暗；相反，中性明度的颜色搭配深色可能会显得比原来更加明亮，如图 32 所示。

32

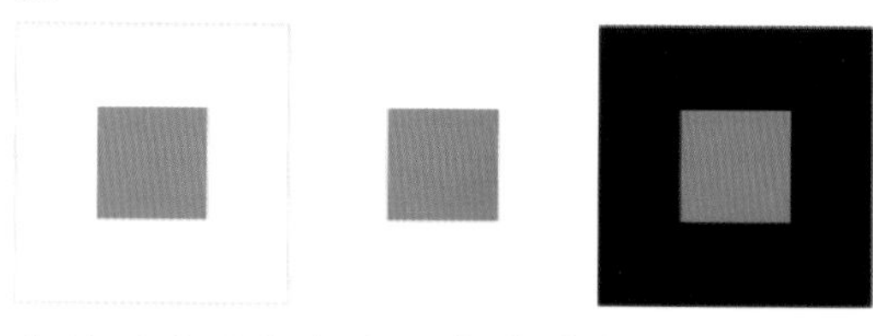

中性明度的颜色在明亮背景中显得比实际上更灰暗；相反，在昏暗的背景中的颜色显得比实际上要明亮得多。

Ⅳ - 补色对比

补色对比是指搭配色相环对角线两边颜色的对方方法。互补颜色互相搭配，可以使双方都更加鲜艳，能产生刺眼的“晕影”，如图 33 所示。

33

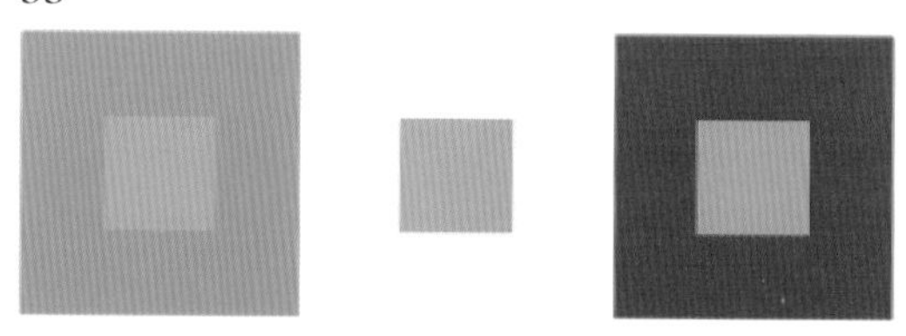

左边是同色系，而右边是互补色。互补颜色搭配可以增加两种颜色的鲜艳度，在交界处会产生刺眼的晕影。

Ⅴ - 面积对比

面积对比是指相同颜色通过面积差异来呈现不同的效果。面积越小，看起来颜色更浑浊昏暗，如图 34 所示。

34

颜色所占的面积越大越显得明亮鲜艳；相反，面积越小的色块越显得浑浊昏暗。

35

这是以搭配互补颜色的方式设计的标识。如果想要展现简单要素、制造强烈的刺激时，互补色对比的配色方式能够得到更好的效果。

36

这是有效利用明度对比的一幅网站 Banner。最需要突出的宣传标语部分和视频按钮都为白色，与背景的海景颜色形成明度上较大的对比。除了文案部分，其他的背景部分明度差较小，成功地强调了宣传标语的主要目的。

37

这是有关于教育平台网站的一副 Banner。为了使“梦想”二字成为画面的重点，将除此之外的其他元素的色度统一降低，只将需要突显的文字“梦想”采用高色度的颜色。

总结：

本章为大家介绍了颜色的基本知识，希望大家能够记住颜色表现的术语。如果有了共同的颜色知识和术语，将有助于向别人解释颜色或制作出符合设计规范的颜色。虽说颜色的知识点讲了这么多，然而对于新手的配色技术也不可能在短时间内会有大的提高。但是，只要理解了本章介绍的几种设计知识和配色规律，即使没有很好的配色感，也可以搭配出符合规范的颜色。

— Chapter 2

Home design ideas and composition concept

首页设计思路以及构图理念

chapter 2 / 第二章

第二章

首页设计思路以及构图理念

电商首页设计的关键性三大要素

概述：

在讲解本章之前，我先为大家分析一下首页设计需要涉及的各个模块的构图及设计思路。我们在设计首页之前，需要明白我们要做什么、怎么做，该收集什么样的素材，做好什么样的准备，局部地分割细化，只有这样才能够将这些素材引以致用。再复杂的程序，被我们分割到了极致，也只是一串串的英文字母和数字。

01 店招设计

店招是用来做什么的？店招就好比是店铺的招牌，你要让别人知道该店铺的品牌、促销活动及产品。接下来将以图文形式来为大家举例说明，以便大家更易理解并掌握其中的规律，如图 1 ～图 4 所示。

通过列举以上 4 幅店招图示，我们可以看到它们的相似之处，也就是我们之前所提到的三要素：品牌、促销活动、产品。这样的“三合一”就很简单地组成了一个合格的店招。为了让大家能更准确地理解店招的组合方式，我们对图 1 ～图 4 进行拆分详解如下。

▲品牌

▲促销活动

所有宝贝　新品到店　男士　女士　童装　配饰　活动专辑

▲产品（导航）

5

客户需求点

因此，我们对于店招的设计，可以总结为三要素：品牌、行业、产品。下面来分析一下销售的流程：首先让别人知道产品品牌，然后让他们了解产品所属行业，最后才向他们推销该产品，只有准备好了这三要素，浏览者才会对该店铺有浏览的欲望，才会对这家店铺有一个初步的印象。

品牌即 LOGO 区域，目前大多数商家将 LOGO 摆放在左侧或者中间，实际上 LOGO 可以根据你的整体设计构图来放置，只要醒目、美观就好，其他没有过多的要求。

接下来分析促销活动的重要性，在大多数店招看似平淡无奇的情形下，促销信息往往是促成商品转化利润的重要因素之一，因此做好促销活动，这无疑是一个无形却有力的关键要素。在店招里，导航也是一个不可或缺的重要因素，它可以让有目的顾客和无目的顾客快速地找寻到自己想要的产品，从而减少跳失率。那么这两种类型的顾客分别又是怎样的一种心理活动呢？

有目的顾客：

知道自己来该店铺想要买什么，参考多家店铺后从而判定哪家店铺的产品更好，这类型买家需要最快地找到自己心仪的产品。

无目的顾客：

只是随便逛逛，看看有没有促销打折的活动或者是不是有自己能用得上的产品，我们需要让这类型的顾客知道有什么类型的产品适合他们。

所以导航栏这个部分甚是关键，我们最好能将其所有的产品（包括所附属的小类）都放置上去，并且适当地突出主打项目。

02 首焦设计（BANNER）

6

首焦设计也就是我们在设计中常说的 BANNER 设计，这块区域通常都是向顾客展示该店铺的主要活动或者店铺的主推款产品（图 6）。首焦设计在首屏中所占据的面积很大、分量又重，因此首焦设计可以说是整个页面的重中之重。

一般情况下，首焦海报可分为两种形式。

一、主题类活动海报

海报尺寸建议设置为宽 1 920×高（700—1 000）px，大屏幕的海报设计是为了烘托活动的隆重、欢庆、火热、热闹的氛围，如图 6 所示。

当你的首焦宽度拉长，就会显得你的店铺页面十分隆重而热闹，所以这类海报更适合于节日及各类大型活动时使用。图 6 就是一种典型的主题类活动海报，它以热闹、促销为主题，让别人可以清晰地感受到欢快、急促的气氛，从而让买家在冲动消费的理念下无限大地扩张这种心理。这种主题类活动海报的理念必须包含热闹、急促、优惠三个重要指标，掌握好了这三点即可提高销售转化率，也就意味着这类海报设计成功了。当然，这类海报也有其弊端，就是篇幅过大，几乎占用整个首屏的高度，它会让店铺的首屏只观看到首招和首焦，完全看不到以下的内容。如果这两部分的内容不够吸引观众，他们会不耐烦地关掉该页面而去观看其他店铺。

二、明星款产品海报

此类海报设计尺寸建议为 1 920×（500—700）px，它主要以产品介绍或者产品助推为主，如图 7 所示。

7

类似于图 7 的四幅明星海报图片这种高度稍微短一点的首焦，则比较适合经济紧凑型的明星款产品或者类目进行展示，这种首焦可以很好地展示某一类主推的类目产品，又很节约空间，可以让观众在首屏看到更多诱人的产品。左侧图例是一种单品或者说主推款的助燃式推送，让主推款在你的设计制作下可以得到更多的展现和转化。

这类产品海报需要一款十分精美的产品作为基础才能进行设计制作。首先，产品图片一定要精致；其次，颜色搭配一定要高雅得体，更多需要注意的设计技巧在“海报设计”一章里有详细介绍，这里不再赘述。这种产品类型海报的理念必须包含优惠、个性、主题三个要素，掌握好了能给你的店铺带来高销量和高回报。不过这种产品类型的海报也有它自身的缺点，就是在视觉上没有主题类活动海报那样的热闹、大气和隆重。

三、两款海报共同点

虽然以上两种海报是不同类型，不过当我们在设计任何一种海报的时候，都应该掌握它们共有的特性。在设计过程中不能一味地寻求突破，在突破之前必须先要掌握它的规则，在它的规则里面再寻求突破才是我们迈向高端设计人才应具备的技能。

Ⅰ - 活动名称，也是噱头

我们面对任何一种活动都要寻找一个合理的或者是有噱头的广告主题语，比如开业酬宾、周年庆典、年中或者年终促销、清仓大甩卖、厂房被大火烧光了、店铺最后只剩一天租期等。

Ⅱ - 店铺主营类产品

你可以使用你的明星产品，也可以使用能够代表你店铺类目的产品，最好在海报里设计一些装饰特效并让你的产品融入你设计的海报中，不然会让产品显得突兀。

Ⅲ - 你的品牌及口号

李宁——一切皆有可能、格力——让世界爱上中国造、德芙——牛奶香浓，丝般感受、农夫山泉——农夫山泉有点甜等，这些口号或者标语都有一个共同的特点：朗朗上口并且能抓住你所经营产品的核心理念。

Ⅳ - 促销内容

现在商家打三折已经不稀奇，早不是那个亏本三折的年代。现在包邮已经不是促销，绝大多数顾客甚至只买包邮的产品。所以你要用心抓住你类目买家的心理活动并迎合他们的消费观念。

03 次屏设计

当店招和首焦都已经向观众介绍完毕后，接下来你应该向你的买家展示什么呢？

其实你可以分两条方案进行设计下去：

❶ 继续烘托页面的活动氛围，并且细化相关优惠信息，其中包含优惠券、满就送及礼品等介绍，如图 8 和图 9 所示。

8

9

以上图例是一种继续提高优惠且热闹气氛的延续，它的目的是让优惠的气氛得到提升，同时提升了买家对于店内的优惠气氛的信任感和熟知度，让买家相信该店铺的活动并且懂得你在筹备什么样的一种活动。这种充满活动氛围的设计图必须要具备优惠、烘托和信任三要素，缺一不可。

❷ 分区分类产品设计，进行分区引流产品设计可以最大化地增加首页流量资源。

10

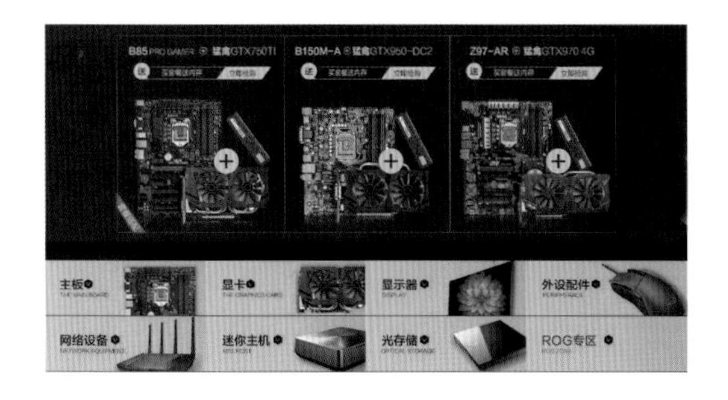

图 10 所示的三幅图例均以小类目进行划分，按照视觉比例进行分流产品设计的一种典型做法，主要适合于服装、箱包、3C 数码、灯饰等分类比较明确的行业，并且产品线又十分长的店铺中。这种分区分类的产品设计，必须要具备吸引、内业功底、产品线三要素，这三者缺一不可。

不论是选择哪一种方案进行设计，都应具备的是：尽量减少高度，合理化地充分利用好有限的空间，尽可能地突出你的优惠点或分类名称，不要让买家花费过多的时间停留在这个页面。要么分流到你所设计的其他内页，可以是分类页、活动页甚至是详情页；要么就让观众继续往下看其他的栏目。而可浏览的像素高度大概在 700 ～ 900px，所以我们需要留 1/4 给首焦展示，1/4 给下面的品牌线展示，中间的一半即 350 ～ 450px 才是最佳的亮度。

拓展分析：

我们对图 8 进行解剖分析，可以找到其中的一些设计原理。首先，该图使用视觉突出的方式进行设计，这样可以更好地表现出热闹优惠的气氛，这些醒目的产品带给人的感受是有诱惑力度的（图 11）。

其次，在进行活动宣传及优惠说明的时候，最好加上时间或数量等要素，这样给观众造成一种紧迫感（图 12）。

还有，就是当你在设计节日、类目、主题类为题材时，要对其风格进行选择，依据活动的主题及相关要素选取恰如其分的主色调，在设计制作前心中要有一个调色板，大家可以学习一下色彩心理学，看看人家是如何对活动界面进行色彩搭配的（图 13）。

11

12

13

总结：

本节主要介绍了首页的三个大类，这三大类可以说是店铺最重要的三要素，因为店铺的成交率和转化率主要在于网页的前三屏，做好了该店铺就成功了一大半，做不好该店铺的报表就会让人大跌眼镜，希望大家多借阅成功的店铺模式，多研究多琢磨，只要掌握好了这些固有的规律，我相信你也会在这一领域有所造化。

首页的产品分区及次要板块

概述：

前一节给大家介绍了首页三要素的设计思路及构图理念，它们是整个页面的重要组成部分。本节将为大家详细介绍首页的其他模块设计技巧，毕竟设计不能虎头蛇尾，细节才能决定成败。

01 产品线的铺设

一、活动款铺设

例子Ⅰ：主题海报＋第一排产品＋第二排产品

14

如图 14 所示，我们可以看到其规律和共性，即两张图片的上部分都是一张主题海报，而下部分则分别摆放两排产品。也就是说，上部分为主题海报，而下部分为产品线铺设。主题海报设计精美，大可吸引用户群体的眼球，并且可以做到与次屏进行承上启下的作用。这一板块活动铺设需要你从文案及设计方

面进行深思熟虑，要多站在顾客的角度去思考你在做什么活动，活动内容是否足够吸引人，这些活动对于顾客而言能带来哪些好处及优惠力度，设计之前经过反复的论证思考目的就是为了吸引顾客的点击率和促进他们的购买欲。

例子Ⅱ：分区噱头＋优惠活动海报＋产品铺设

15

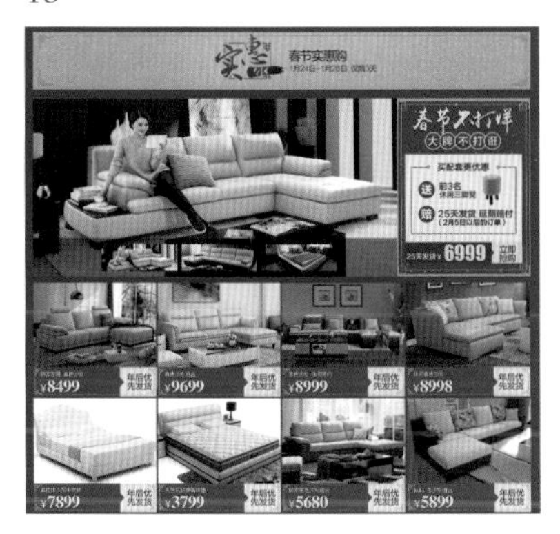

如图 15 所示，我们发现它们的共同之处就是最顶部统一使用了活动噱头，中间部分则是一款主推产品的展示，下部分则是产品的铺设。一开始设计活动噱头的时候，我们应将这块区域设计得醒目一些，比如可以将文字的字体、字号及颜色做出一些较突出的效果。首先，在设计优惠海报的时候，一定要凸显产品的特性，将最优质的产品做效果处理后加以搭配精简有力的广告语。很多时候主推产品都是一个店铺的镇店之宝，所以大家可以多花时间和精力在主推产品区域。其次，产品铺设就很好理解了，一般是以三至四列为排列标准，它所包含的元素有产品图、产品名称、价格、折扣点、购买按钮等。当然，根据不同的店铺需求它的元素也会相应地增减。

这种分区噱头＋优惠活动海报＋产品铺设的排版方式可以最大化地突出店铺的活动产品，以图代文的方式来向客户展现产品。

不知大家有没有留意到一个普遍存在的现象（图 16），设计师运用红色装扮店铺的方式更加容易得到大型店铺的青睐，因为红色能够给予人一种热情澎湃的感受，所以运用

16

红色设计出来的图片自然会给人带来一种喜气蓬勃的氛围，这可能和我们过年喜欢使用带有红色的年货（如鞭炮、红包、喜帖等）有关。

虽然红色系的店铺很受大型商家的青睐，但是我们在用色时不能用太亮的红色，也就是说红色的饱和度不能调得过高，否则会让浏览者感觉视觉疲劳、头晕目眩。有一个使用红色的技巧：我们在使用以红色为主色调的时候，最好以不同的饱和度进行调整，这样一来不仅可以凸显层次感，而且也能避免使用亮红色过多以致造成画面混乱。

二、明确的分区铺设

为什么这一块叫作明确的分区铺设呢？是因为这一块需要根据你的产品特性从而归纳成每一个小类别，现在的店铺设计趋势几乎都是将产品分类成几个板块，每个板块有各自不同的用途。当你在设计这一板块的时候，可以按照用途区分、特性区分或者是风格区分等。你一定要明确地将几个板块区分开，如果你不是很清楚该如何将产品区分，你可以向你的运营及产品经理进行沟通协商。

17

虽然图 17 中的两张图片选用了不同的产品，然而产品的区分铺设如出一辙，归根结底分区铺设就是为了给产品分类，让买家在最短的时间内轻松找到自己想要购买的产品，这也是设计师通过网页给人提供便利最直接有效的方式之一。

02 那些容易被忽略的区块

一、客户中心与产品分类的搭配

这一块有一个承上启下及人员分流的作用，然而据推测，能坚持看到这块区域的客户群体，实际上 70%已经流失掉了，只有 30%的客户来到了这里，这个时候我们千万不能掉以轻心，能看到这部分的客户很有可能是对你的产品很有兴趣进而想多了解一番，最终很有可能就是这 30%的客户群体成就了 1%的转化率。

18

你可以设计为如图 18 所示的样式，它主要展示的是首页的几大产品分类，客户中心相对弱化，因此图 18 就是以分类为主从而进行分流。

你还可以设计成图 19 类型的样式，它左边及上半部分主要展示了产品分类，这也是以分类为主从而进行分流的又一成功案例。

你还可以设计成如图 20 所示的两幅图片的样式，将客服中心为噱头进行店铺的团队实力宣传，有的店铺的客服数量甚至还要夸张，通过团队实力的宣传也是一种很好的营销手法，在团队下方以较明显的产品分类进一步分流。

19

20

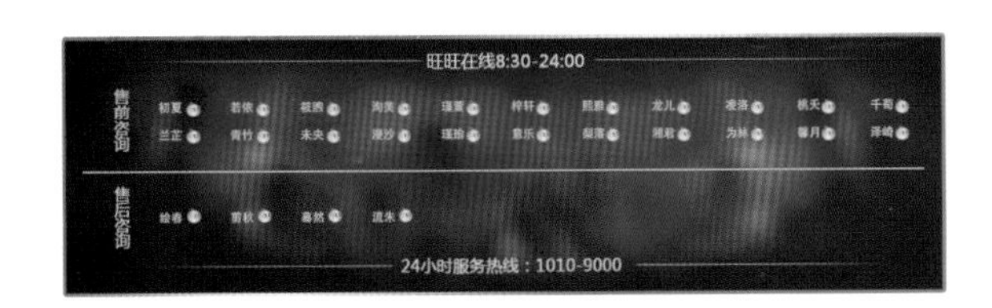

二、容易被忽略的底栏

大家是不是对于底栏这块区域比较陌生，在设计的时候比较容易忽略掉？接下来我选几个比较好的底栏设计案例给大家参考（图21），让大家先了解下下底栏是由哪几部分组合而成，它的作用又是什么。

21

给大家列举了以上几张图例之后，接下来给大家分析一下底栏为什么也很重要，为什么这一块又经常被大家忽略。首先，底栏作为首页的结尾部分，是防止用户流失的最后一个手段，不论是在首页还是详情页，这是最后一把留住顾客的锁。

忽略原因：

由于底栏在最底部，所以大家没有认真去做关于底栏的设计，甚至有的店铺根本就没有去做底栏，只做产品分类，而该店铺的销售业绩也会随之大受影响。很多情况下底栏不能做成通栏，这也可能是大家比较头疼的一个原因，有的店铺没有开通 CSS 权限，底栏宽度也就只有 990px 或者 950px。

设计理念：

底栏的设计方法其实相对比较容易，也就相当于是一个分类。它的最终目的不是获得成交量，所以不需要做产品推荐。它的唯一目的就是希望通过最后一扇门留住顾客，所以这个模块我建议大家可以选用以下几套设计方案。

Ⅰ - 突出售后

22

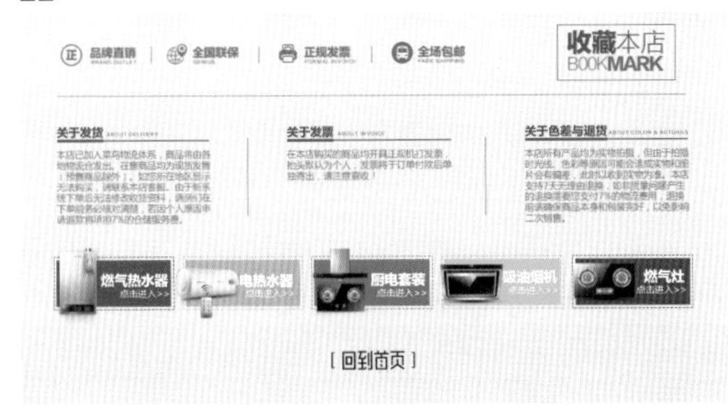

如图 22 所示的两幅图片，它们的底栏设计方案的主要理念就是为了突出该店铺的实力雄厚，这套方案可以多设计一些关于售后方面及购物流程的内容。还有一个关键点就是底栏要设计一个“回到首页”的图标，这样可以减少不必要的流失率。

Ⅱ - 突出产品分类

23

图 23 所示的两幅图片的底栏设计方案就更为简单了，直接把产品分类摆上去，可以让顾客有选择性的分流。这种设计方案也能减少不必要的顾客流失。

因此，我们在设计首页的时候一定要统一好页面的整体性。因为我们学做设计都会明白一个道理：通过点的连接形成了线，而线的组合又形成了面，点线面的搭配最终形成了页面的整体。所以无论是设计首页还是详情页，你都需要统一好它们的一切。就像“海报设计”一章里面提到的字体不要超过三种、颜色的主色调也保持在三种以内，只有当我们设计首页的时候注意好这些规则，设计出来的作品才会更受顾客的青睐，该店铺的流量和订单也会有质的飞跃。

首页的布局和分割

概述：

前面两节主要介绍了首页的一些基本功能模块，可能学习了前两节的朋友会认为首页大家都会做，不就是那么几个模块吗？然而我想回答的是，难就难在你是否能够设计出一个能够吸引人、提高点击率的首页，那么什么又叫一个好的首页呢？我觉得要设计好首页，首先在布局上就要有所突破，不能让顾客无论走到哪里都看到千篇一律的首页；其次就是风格创意设计，有新意的风格往往能引来观众的叫好声。所以，一个有创意的布局则是优秀首页的基石，一个适合自己类目的创新风格则是优秀首页成功的必备因素，两者运用得好则是一个好的首页，如果缺少一种的存在，那么首页就不再完美了。本节我收集了一些比较有创意的布局及有独特个性风格的作品，将它们归纳梳理之后用图文结合的形式给大家详细地介绍。

我们首先要明白什么是布局？其实很好理解，我们看到的任何页面均可以把它简化并解剖得到布局（图 24）。

24

接下来给大家详细介绍布局有哪些分类。

01 矩形分割

一、平面分割

举例如图 25 所示。

25

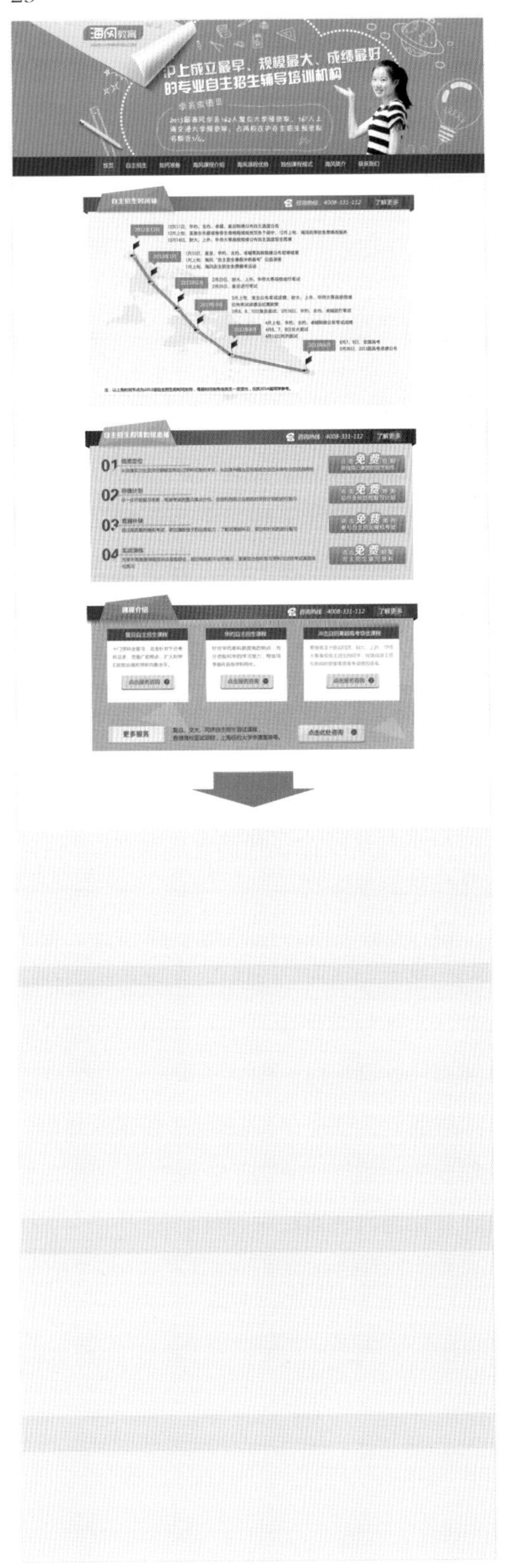
海风教育
沪上成立最早、规模最大、成绩最好的专业自主招生辅导培训机构

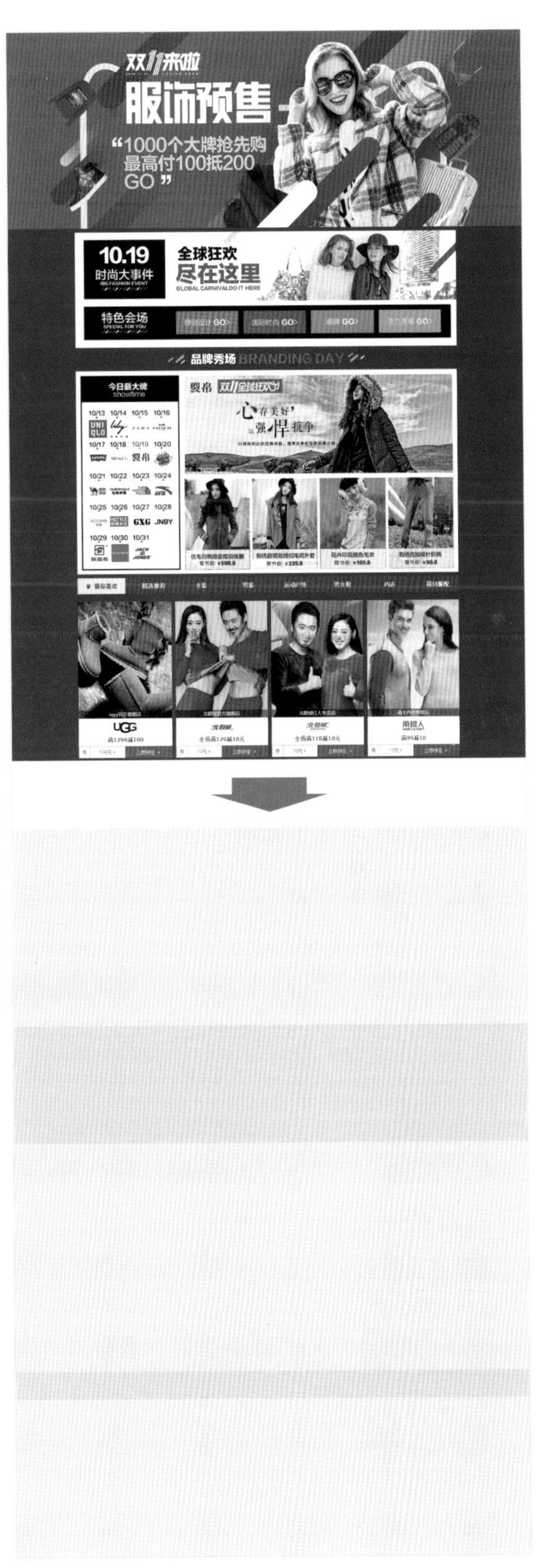
双11来啦
服饰预售
“1000个大牌抢先购
最高付100抵200
GO ”
10.19
时尚大事件
BIG FASHION EVENT
全球狂欢
尽在这里
GLOBAL CARNIVALDO IT HERE
特色会场
SPECIAL FOR YOU
品牌秀场 BRANDING DAY
今日最大牌
showtime
UGG
南极人

图 25 中的两幅图片均是矩形分割的一种，图片以平面的形式组合。每一块与每一块之间的间距、色系间的差异比较明显。这也是大家设计网店时，使用数量最多的一种设计方式。

平面分割的优点有如下几点：

❶ 传统性强，无论是在视觉上还是体验上，矩形分区的设计方式都能让买家比较容易接受。

❷ 容易入手，这种布局很容易上手且很容易设计得好。

❸ 益于驾驭，由于分区设计，所以对于底子较薄或者创意能力较弱的人来说能够更好地掌握。

❹ 操作简单，由于矩形区域的高度可以随意控制，这种风格也倾向于简洁大方，因此不需要过多的特效来修饰也可以把页面营造得十分帅气。

除了优点，也有它自身的缺点：

❶ 容易设计单调，浅米黄色且附带暗花的墙纸很好看，可是直接使用纯白的油漆那就单调多了。

❷ 容易设计死板，由于矩形的横线线条分割感比较强，稍不注意就会变成一条一条的。

❸ 容易设计平庸，由于是分区设计，头部的设计一旦不够精美，整个页面看起来就会显得平淡无奇。

二、展台分割

矩形分割的第二种即展台分割，如图 26 所示的两幅图片，看似与平面分割较类似，然而细看头部则采用了较立体的且带有透视的设计。这也是被广为流传的一种设计方式，适用于在大型活动上采用。头部因为立体化，以至于创意及视觉感更加强烈了。

它与平面分割相比则有了更多的优点：

❶ 视觉冲击，与平面分割的二维设计相比较，它在立体及透视上的创意可以让原有的页面更有视觉冲击力度。

❷ 生动有趣，由于有了类似“展台”的感觉，所以它能够展示更多的产品，并且如果将带有立体感的展台设计得好，会让页面看起来更加生动。

❸ 动感俱增，虽然是平面设计，然而周围的场景设计加以搭配一些类似飘动的点缀设计，使得页面更加活灵活现，仿佛正在举办一场别开生面的盛宴。

然而，由于立体特效及透视感的增加，头部大图的设计对于初学的人更加难以掌握，并且也大大增加了设计时间。

26

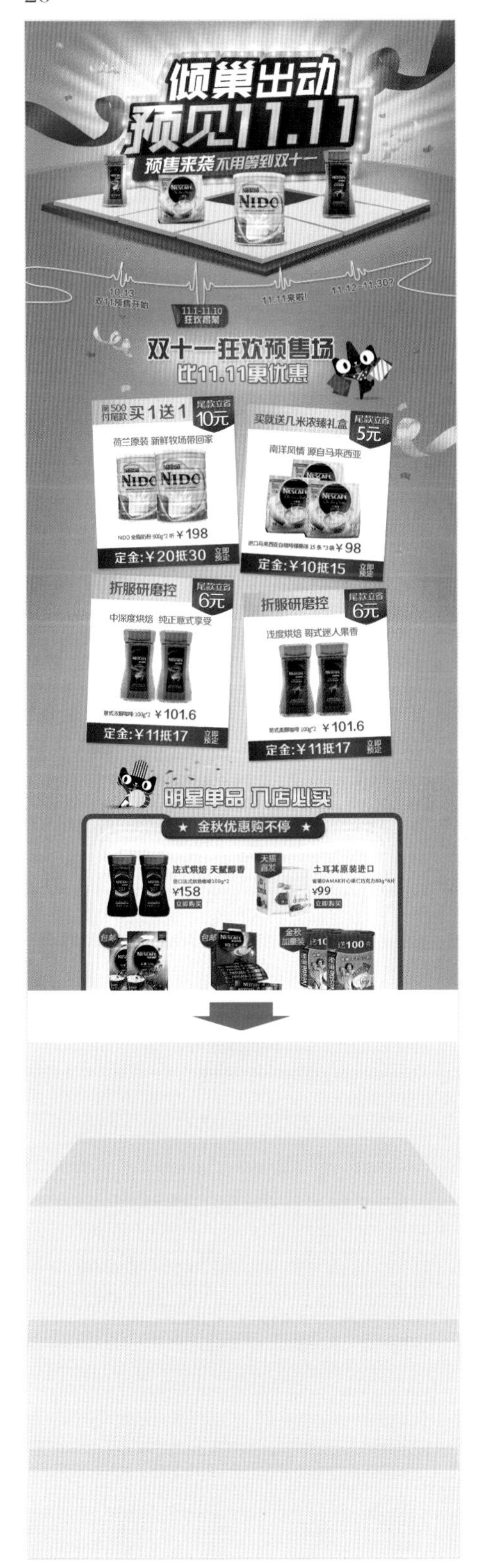
倾巢出动
预见11.11
预售来袭 不用等到双十一
双十一狂欢预售场
比11.11更优惠
买1送1
尾款立省 10元
荷兰原装 新鲜牧场带回家
¥198
定金:¥20抵30
买就送几米浓臻礼盒
尾款立省 5元
南洋风情 源自马来西亚
¥98
定金:¥10抵15
折服研磨控
尾款立省 6元
中深度烘焙 纯正意式享受
¥101.6
定金:¥11抵17
折服研磨控
尾款立省 6元
浅度烘焙 哥式迷人果香
¥101.6
定金:¥11抵17
金秋优惠购不停
法式烘焙 天赋醇香
¥158
土耳其原装进口
¥99

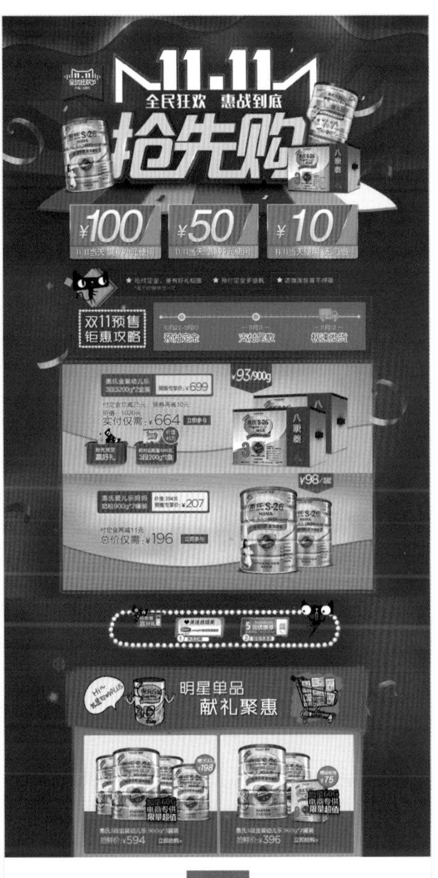
11.11
全民狂欢 惠战到底
抢先购
¥100
¥50
¥10
双11预售
钜惠攻略
¥93/900g
实付仅需:¥664
¥98/罐
¥207
总价仅需:¥196
明星单品
献礼聚惠
¥594
¥396

三、斜面切割

27

WINTER
珠宝&箱包
初冬流行趋势
最高满299减100
大牌·上新
NEW
FION
DELSEY
初冬·流行色
COLOUR
橄榄绿
Olive Green
潮IN单品
SHOW
古铜色
Coppertone

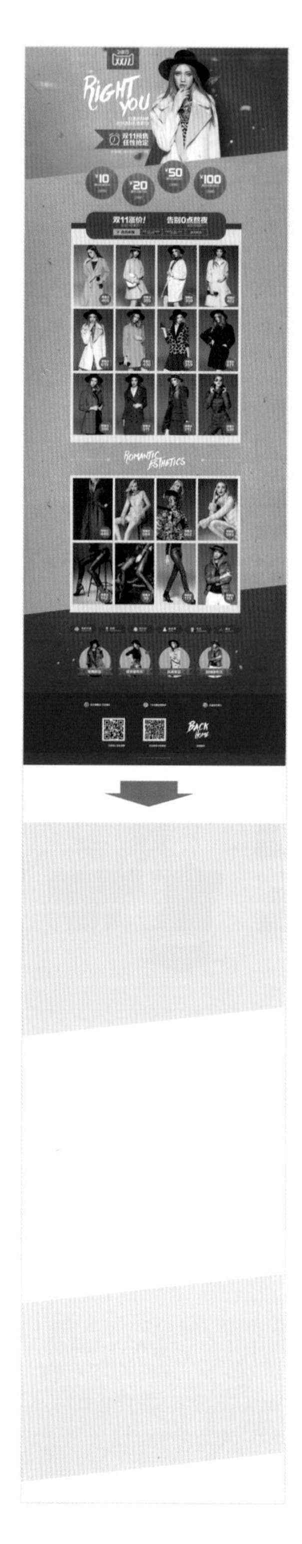
RIGHT YOU
双11底价！
告别0点熬夜
BACK HOME

矩形分割的第三种形式即斜面切割，如图 27 两幅图片，这种切割方式常用于专题设计、活动页设计等。斜面切割的设计形式很少会直接用于店铺首页做宣传，毕竟各个商家还是想以一个正规的店铺形象展示给大众，四平八稳的画面形象也更易于被观众所接受。因为斜面切割的设计方式给整幅画面增添了动感，自然也给人的视觉带来了冲击力，所以有经验的设计师会用斜面切割的分割法则来设计活动专题，想在最短的时间内抓住观众的眼球。由于它的倾斜性，我们在设计产品类别的时候，要尽可能多地设计一些赋有创意的图案或者字体，然而也是由于斜面的不确定性，如果设计得烦琐又会显得画蛇添足。功底的深厚不是一两天造就的，大家平时不做设计的时候可以多看作品，多自我总结经验教训，相信通过不断地自我磨炼，终究也会创做出一种新的矩形分割形式备受大家关注。

四、不规则形状

28

不规则形状在矩形分割中是比较难操作的一种设计方法，如图 28 所示的两幅图片。首先，你在设计首页之前要对整幅画面有一个立体逻辑的想象空间，如果难以发挥你的想象力，可

以先在纸上画草稿（可以随意发挥想象进行创作），当你对草稿的构图及创意点满意的时候，再考虑在电脑中绘制。这种不规则形状的设计手法比较适合于专题页和活动执行页，它要展示的内容其实并不是很多，并且也不适宜摆放过多产品，产品过多易造成整幅画面混乱。

那么不规则的形状分割适用于哪些类型的页面呢？

（1）新成立的店铺由于缺少产品，顶多也就一些不太成熟的文案，而又想使得整幅页面丰富的时候；

（2）客户指定设计风格要大气并且画面要有所冲击力度的时候；

（3）介绍性的文字比较多，却没有更好解决办法的时候；

（4）新产品上市，对它各个功能详细阐述。

……

02 真实场景

一、拟景设计

拟景设计是指设计手法上依托于使用大自然的实际场景为基础对页面进行设计，以达到身临其境的效果。这种构图可以摆脱矩形式的束缚，那么常见的真实场景排版有哪些呢？下面收集了几种场景设计供大家参考学习。

Ⅰ - 大自然

以图 29 为例，整幅画面从上而下布满了大自然元素，既有野生动物也有森林植被，场景设计更加贴近于原生态，给人带来原始森林般的感受。

Ⅱ - 海洋

以海洋为元素设计首页的设计师也不少（图 30），首焦可以设计一片岛屿或者沙滩引入主题，周围可以配以游艇、海鸥、椰树等元素烘托海景氛围，然后从海面延伸至海底的形式进行布局设计。这种设计方式受青睐于夏季的清凉产品及一些女士使用的保湿护肤产品。

Ⅲ - 真实场景

以图 31 所示的两幅图片为例，以某种特定的场景来烘托整幅画面热闹的气氛，这种设计方式适用于中国传统节日各商家的店铺展示，同时也是各大商家的产品需推陈出新惯用的一种拟景设计手法。

29

西双版纳
Luxury Top.01
Funny Top.02
Luxury Top.03
Luxury Top.04
尽情尽兴360° 畅游阳光地带

30

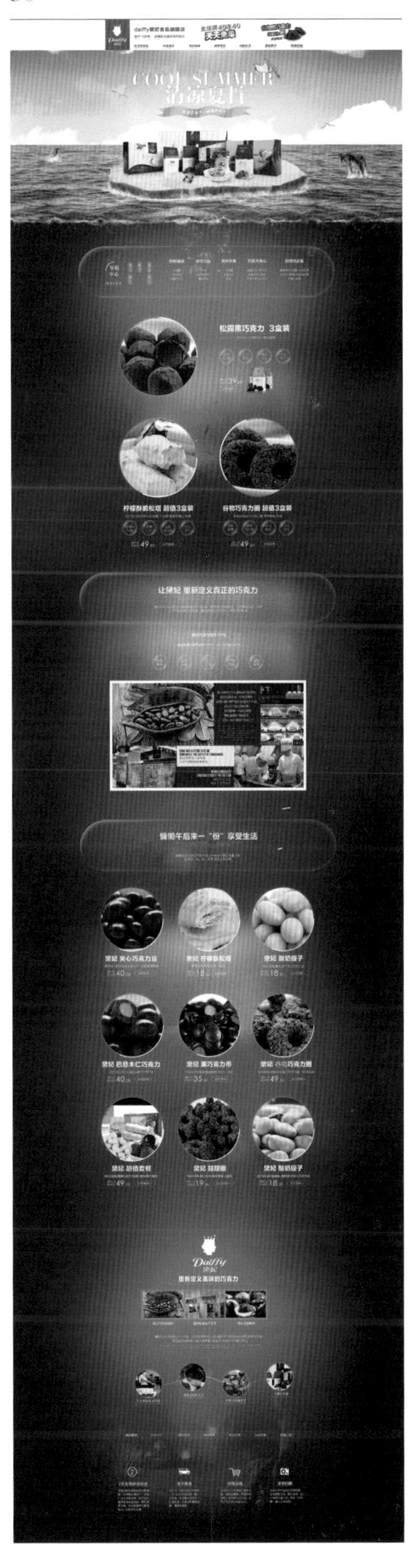
COOL SUMMER
松露黑巧克力 3盒装
让黛妃 重新定义真正的巧克力
Daiffy

31

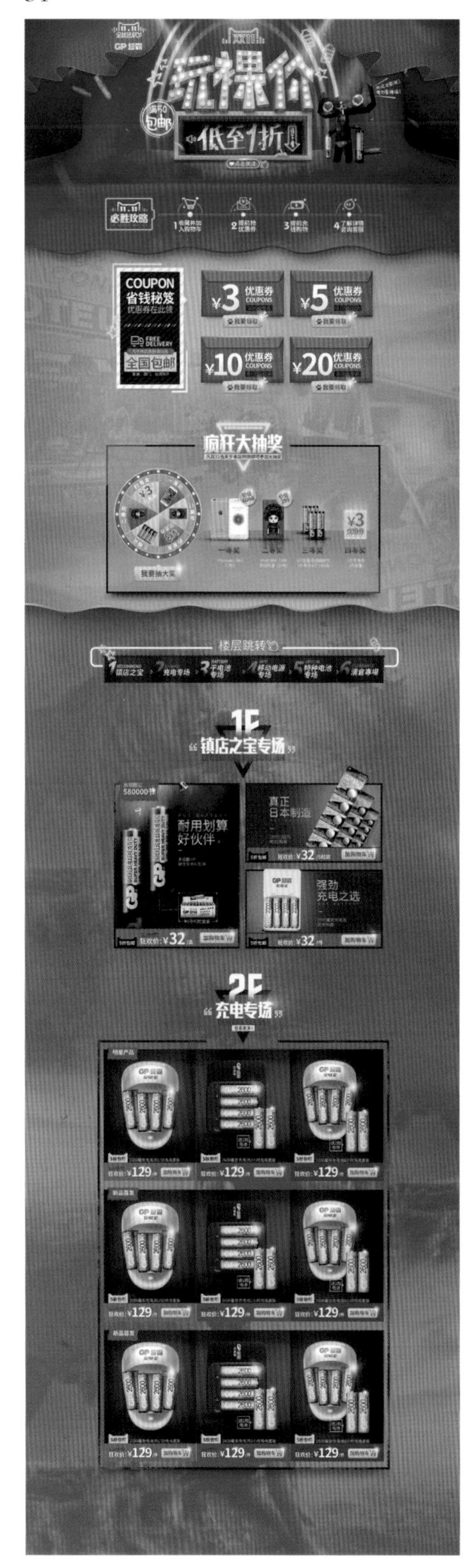
玩裸价
低至1折
COUPON
省钱秘笈
全国包邮
¥3 优惠券
¥5 优惠券
¥10 优惠券
¥20 优惠券
疯狂大抽奖
楼层跳转
1F
镇店之宝专场
耐用划算
好伙伴
真正
日本制造
强劲
充电之选
2F
充电专场

囤年货
带洋货回家
全场2.5折起
先领券 再购物
年货钜惠 特惠专场
新品首发
营养健康每一天
阳光充足の营养果干

Ⅳ - 天空

如图 32 所示，以蓝天、白云为主要素自上而下进行设计，中间穿插加入一些树木、海滩或大海等元素。这种场景的首焦可以运用云朵或者陆地作为托盘使画面更为壮观，周围可以配以飞机、风筝、热气球等元素进行装饰和点缀。

32

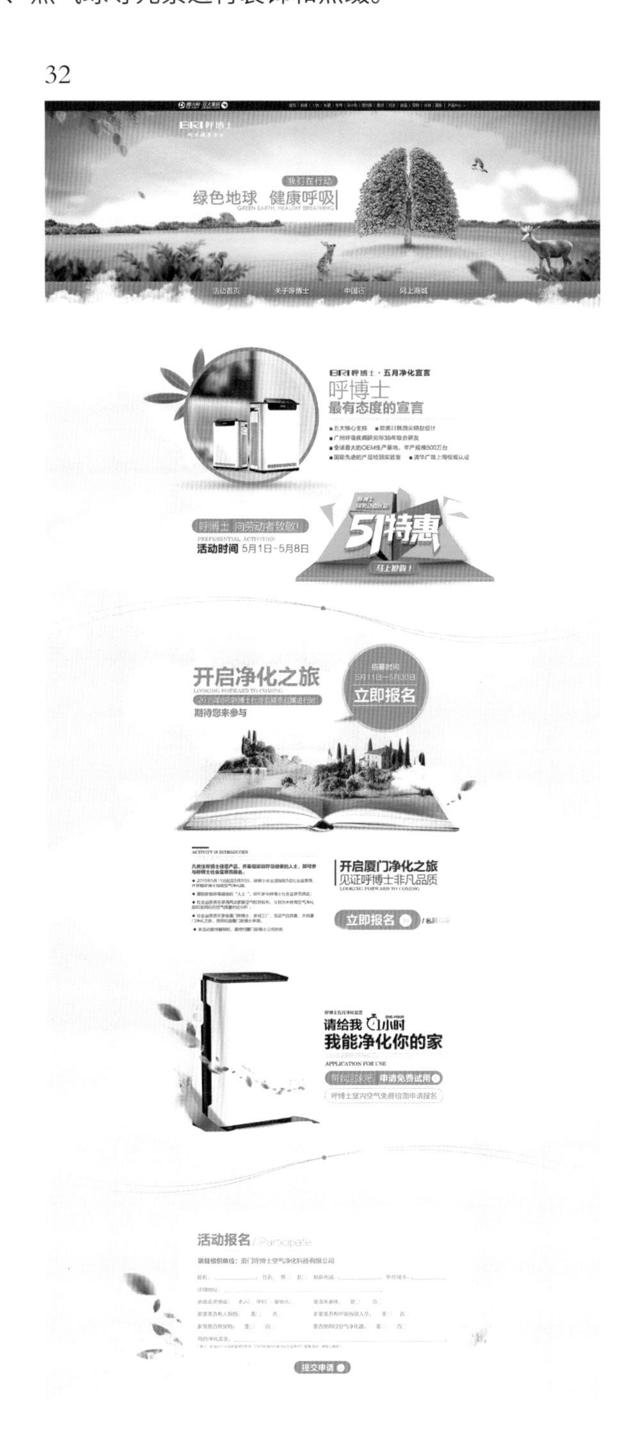

Ⅴ - 沙滩

如图 33 所示的两幅图片，有沙滩、美女和海水，沙粒作为背景贯穿整幅页面。以沙滩为主题的设计类型也越来越多地受到设计师的青睐，富有创意性的表达方式看起来十分吸引人。

33

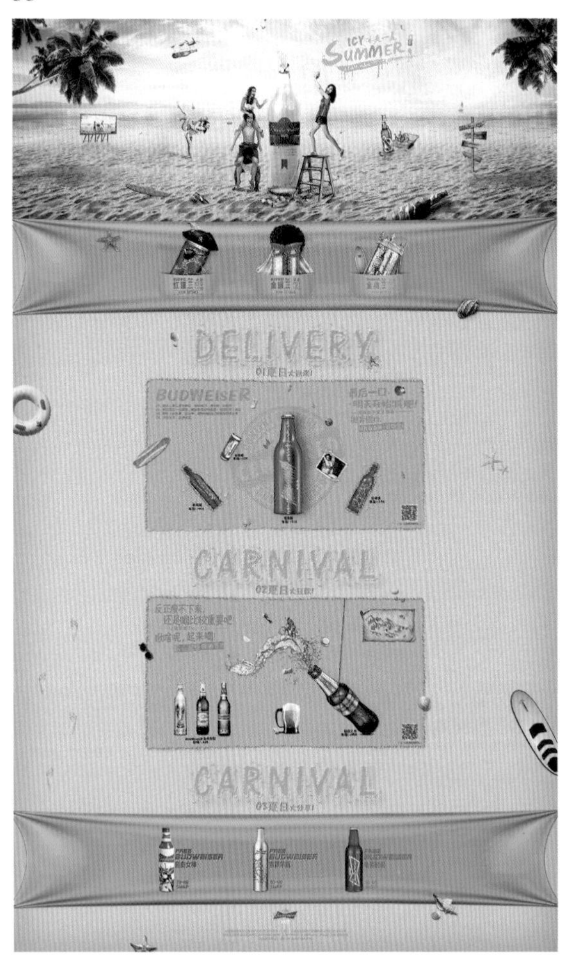

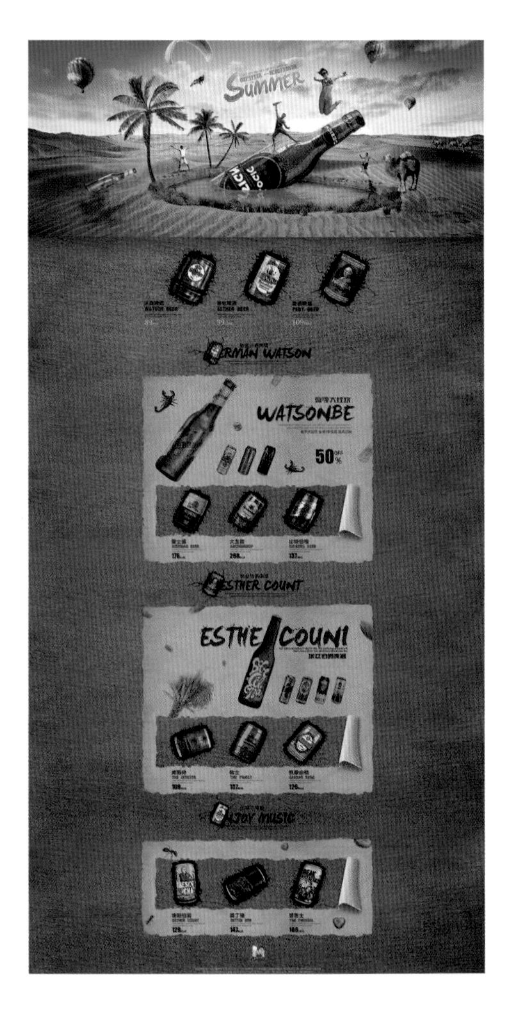

Ⅵ - 森林

以森林题材为主题进行各个方向延展（图 34），它的产品类型设计均设计在土壤里，这种创意方式的表达使得产品类型很自然并规律地贯穿始终。当然，并不拘泥于这种表现形式，各位设计师还可以通过不同的表现手法和创意方式从而得到不同的画面创意效果。

34

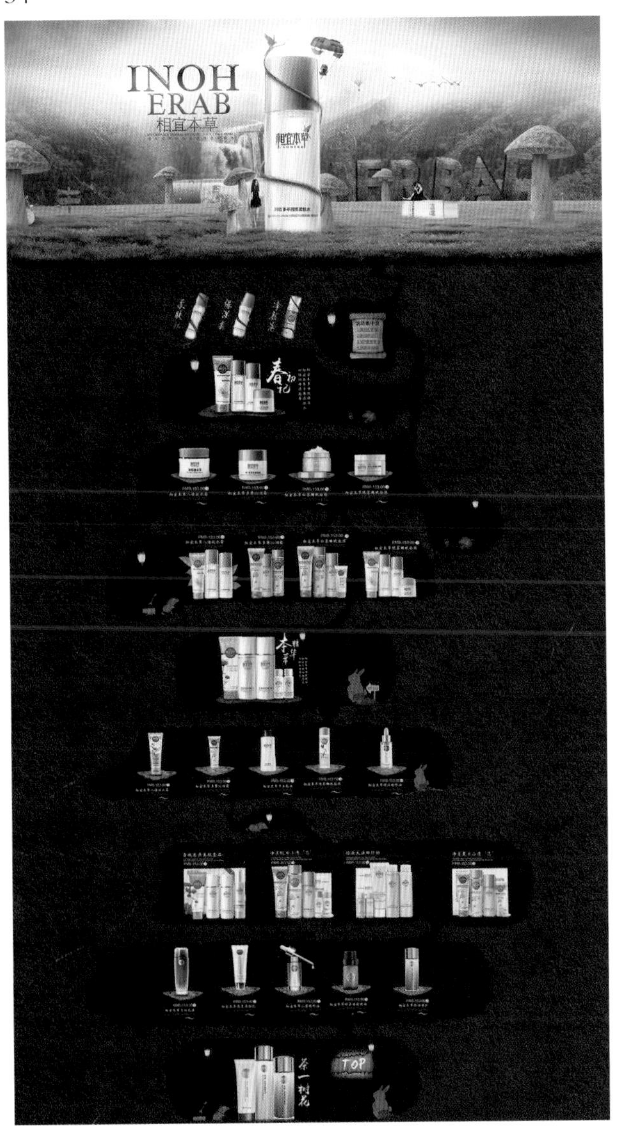

03 卡通设计

由于卡通类首页的布局可设计性十分强，各种风格都能够很好地表现出来，因此设计好卡通类风格的首页并没有想象中的这么难，如图 35 所示的四幅图片。

35

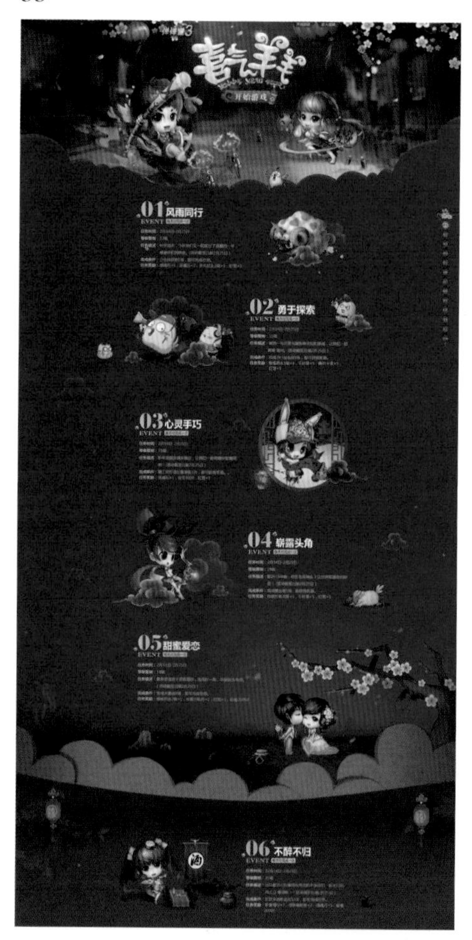
喜气羊羊
01 风雨同行
EVENT
02 勇于探索
EVENT
03 心灵手巧
EVENT
04 崭露头角
EVENT
05 甜蜜爱恋
EVENT
06 不醉不归
EVENT

2015 丽人台历 明星宝宝
评选大赛
咨询热线：2902877
WORK SHOW
2015丽人台历明星宝宝评选大赛
作品集
2015-09-23
我要报名
我要投票

新服大革命
敢想敢做
01. 行脚大变革，敢想敢做！
02. 新服专享，经验加速！

信用卡理财达人
什么是平安盈
收益赶超某“宝”
随时支取，实时到账
1分钱就能买
资金安全有保障

通过以上几个图例，我们若想要设计好一张卡通版的首页就应该把握好四个要素。

1. 脑海里要有情境感

在设计页面之前，你就要开始构思这个页面该如何设计，脑海里就要浮现出一幅设计好的效果图。然后通过自身的发散思维再展开联想，可以设想该页面的一些关键因素，比如配色、风格、布局等。

2. 在草稿本上迅速地绘画下来

当你脑海里有了情境感之后，就要迅速地绘制在你的草稿本上。你还可以结合设计制图软件，将你情境中的几个关键色系选取出来，布局也大致地绘制出来。如果你没有具体的颜色感觉，可以多参考优秀设计作品并从中获取灵感。

3. 逻辑性贯穿整幅页面始终

无论你选取什么样的主题来设计页面，你的页面顺序一定要有引人入胜的逻辑性。秩序排列合理，并且页面元素不要太多太乱。

4. 细节的优化处理

卡通类首页要经得起观众细致入微地观看，就一定要把握好页面细节的处理。我们要从页面的各个阴影、反光、模糊、高光等等细节入手，细节决定成败运用在设计领域可以说是再恰当不过了。

— Chapter 3

Detail page design

详情页设计

chapter 3 / 第三章

第三章

详情页设计

第一节 前期分析

01 参考文案

02 色彩搭配

03 布局分布

第二节 设计制作

01 超市购物与网购的相似之处

02 15 个相互联系的逻辑关系

03 详情页图片设计

第三节 详情页三定律

01 版式衔接

02 重点突出

03 卖点可视

前期分析

概述：

前面已经给大家详细地介绍了该如何设计好首页。自己做了多年的设计，同时也走了不少的弯路，长期的高强度设计工作使得我已积累了一些较有实用价值的经验，希望这些心得体会能对你有所帮助，从而转化为你的经验。

1

如何做一个既高端又时尚的详情页，并让你的店铺达到惊人的销量业绩呢？

在设计详情页之前，首先你要明白什么是详情页，详情页是做什么用的，详情页要给大家表达些什么信息，该如何表达？

一款好的详情页包含了很多内容，有营销内容、产品展示、实物拍摄、精美文案、海报设计、参数说明等。当然，这些内容会根据不同的类目展示相应的项目也会有所不同。详情页需要从运营和美工两个角度来分析问题，运营顾名思义就是思考店铺该如何赚钱，侧重点就是衡量是否能够清楚地向顾客表达出你店铺的优势；美工主要就是考虑如何把详情页设计得更美观，让客户以一种较为轻松愉悦的心情浏览你的店铺最终成交。然而，当你不再是初学的美工时，更应该多站在顾客的角度去思考店铺该以何种形式展现才更能吸引他们的目光，只有运营和设计完美相结合，才能缔造一个销量成功的详情页。

如果详情页的这些问题没弄清楚，就很难做出好的详情页。就好比你摸着石头过河，稍不注意就被河流冲走了。与其你这么冒险过河，还不如花费一点时间造一个小木筏，从容而优雅地渡过河流。

如果我们将木筏比作详情页，那么就应当将木头比作爆款产品。为什么有的店铺产品就是卖得好，原因就是该店铺的详情页做得好。只要你设计的详情页足够吸引人，激发了顾客的购买欲，我想任何顾客都会毫不犹豫地下单购买。

随意打开淘宝或者天猫的网站，在搜索栏输入你需要查找的产品名，比如笔记本。

然后，选择属于你产品范畴内的类别，比如家庭影音（图 2）。再根据实际情况挑选出视觉效果做得比较好的详情页，无须太多，3～5 个即可（图 3）。

那么，第一步就算是完成了，然而这还仅仅只是找到了木头，还有成千上万的大树需要我们去发掘，我们需要精挑细选出具有优质材质的树干并将它们砍伐掉，这里的砍伐实际上就是对详情页进行解剖分析。

2

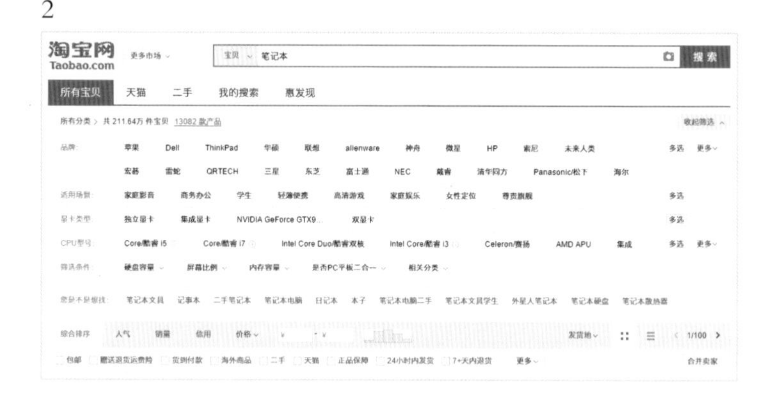

3

01 参考文案

一家成熟大型店铺的文案及产品体验系统已经做到了非常优质的境遇，而你需要做的事情就是站在巨人的肩膀上靠他们的力量撑起你的高度，接下来将以图文的形式给大家举例说明。

一、拆分文案

4

以图 4 所示为例，我们将它里面的广告语拆分出来即是：

1. 本店承诺 → 彩色半调文化传媒。

2. 只售原封正品国行产品 → 只提供原创中高端视觉设计服务。

3. 拒绝翻新机、水货 → 拒绝抄袭、临摹。

4. 因为专注所以专业 → 因为用心所以卓越。

5. 三年只专注销售苹果正品国行产品 → 10 年一直从事 UI 视觉设计服务工作。

6. 10W 粉丝的支持让您放心，我们安心 → 我们有了上百客户的支持，缔造出我们光辉的荣誉。

二、重组文案

彩色半调文化传媒

只提供原创高中端视觉设计服务

拒绝抄袭、临摹

因为用心所以卓越

10 年一直从事 UI 视觉设计服务工作

有了上百客户的支持，缔造出我们光辉的荣誉

以上则是文案的模拟及参考过程，先拆分后重组，变废为宝使之成为自己的文案，这就是给不会自己写文案的设计师一种最简单、最直接的写作方式。

02 色彩搭配

一幅宝贝详情页的色系能够以最直接的方式通过心理暗示传达给消费者。下面列举几张相同产品而不同场景的图例，大家看后感觉到它们传达给你们的第一信息是什么？

5

6

7

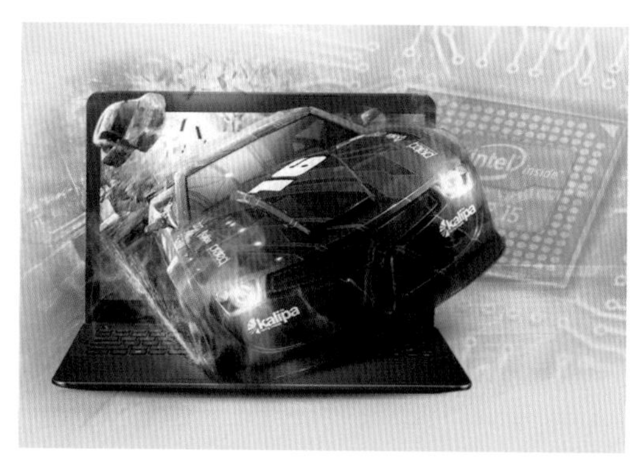

8

9

以上几张图的场景区分是显而易见的，图 5 是以大自然为背景衬托出一种宁静惬意的感受，自然的美景全部呈现在显示屏中。图 6 是营造一种电影院的身临其境的感受，高清的画质和震撼的音效将页面发挥得淋漓尽致。图 7 和图 8 主要是想给大家传达该款笔记本电脑玩游戏同样很精彩，是喜欢生活享受的年轻人的最佳选择。图 9 是从音乐的角度渲染出该款笔记本电脑的音效十分凸显，仿佛将人置身于一种愉悦的演唱会中去。

以图 5 ～图 9 为例，设计师运用不同的色彩搭配及人物场景的选择，传达出了产品的特性及气质。类目不同、产品不同，然而道理却都是相同的。

接下来再来看一组例子，来感受一下它们传达给我们的第一信息又是什么？

10

11

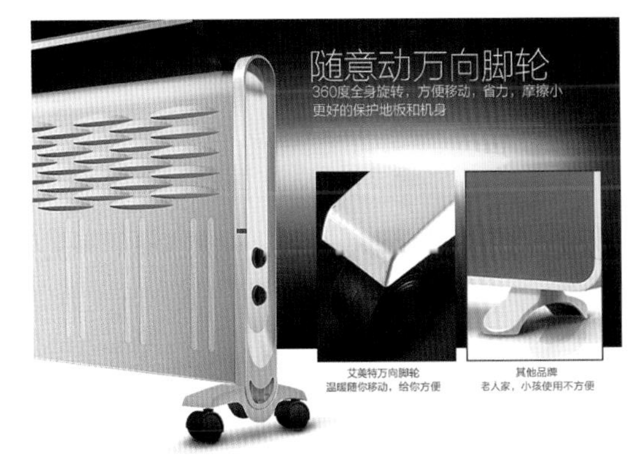

12

13

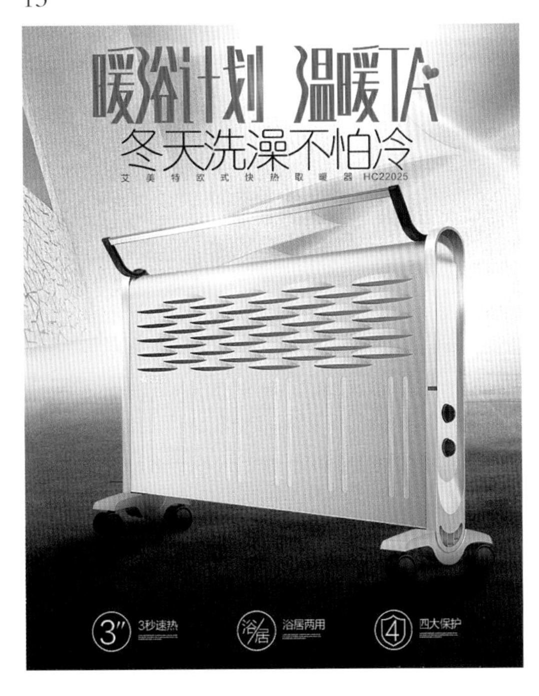

冬季产品快热炉想要传达的信息就是温暖舒适，因此普遍都使用暖色系来设计。大家也可以按照我的方式搜索一下属于你类目的产品。

03 布局分布

14

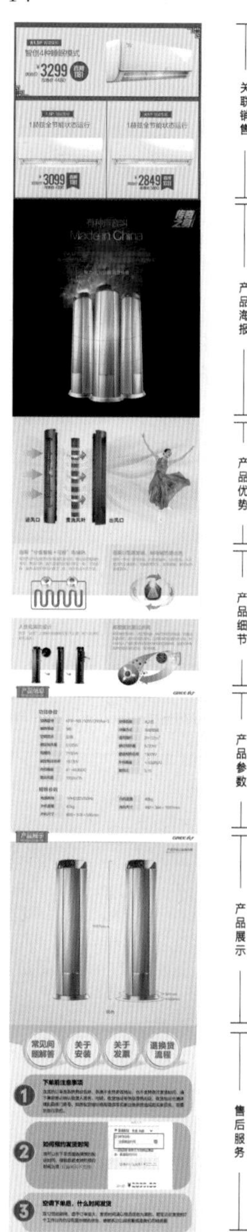

一、分析布局组成

一个爆款宝贝详情页要传达给消费者的信息与普通产品肯定是不同的，那么该如何表达才合适呢？首先打开浏览器，对一个爆款详情页截图下载，对它的布局进行详细分析说明。

如图 14 所示，一般详情页是由这几部分构成的，当然可以在这基础之上进行增减。接下来，我对这几部分进行分解说明，以便大家能够更好地理解并掌握。

15

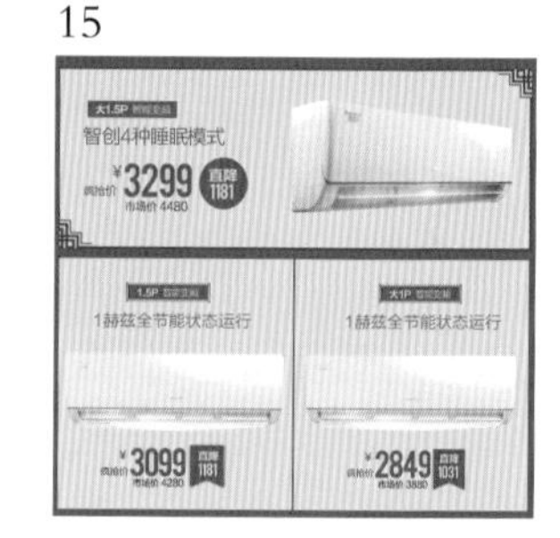

图 15 所示为关联销售，它的作用不仅仅是分流，还能增加客户的购买率，让客户在看这款产品的同时会被另一产品所吸引。可以在这块区域搭配本店其他爆款产品，即便不能增加购买率也能促成转化率。

16

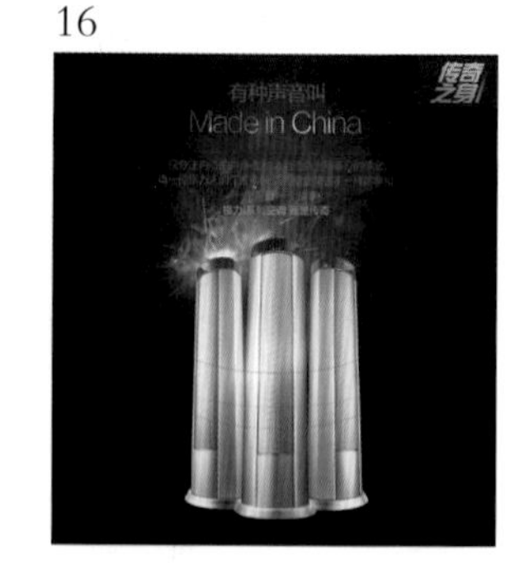

图 16 所示为产品海报，这块区域会给你的买家留下第一印象，因此你应该在本块区域着重表现好你的产品特点，设计效果上尽可能地显得美观大气。由于是以空调为例，就应该突出这些特征：科技、高端、大气、清凉等。

17

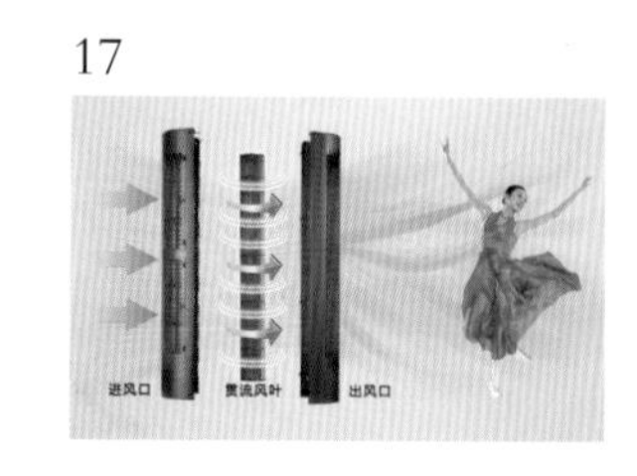

图 17 所示为产品优势，它要表达的东西很简单，即该产品的优势：你的产品最大的卓越之处，你的产品性能是别人没有的，别的产品有的特点你的产品也有，况且比它们的优势更明显。总之，概括起来就是尽可能

18

19

地发挥出你产品的优势。

图 18 所示为产品细节，你可以在这里将产品细节进行详细描述，这里信息量越丰富就越能凸显出你产品的独特性与专业性。图中的细节就表现得很好，将产品零部件逐一介绍，能给人带来可信耐的感受。

图 19 所示为产品参数，这里要准备的材料其实也很简单，那就是你的产品参数，比如服装有尺码和材质、数码产品有容量和尺寸等，尽可能地将你产品的参数填写完整，这样可以有效地促成产品的转化率。

20

图 20 所示为产品展示，在这块区域你可以尽可能地将你的产品图片放大，多放一些不同拍摄角度的高清图片，在这里可以尽量使用修图软件对产品进行美化装饰，总之，如何让产品看来更具有诱惑力就怎样去调试图片。大家一定要重视这块区域，往往购买产品的顾客会在产品展示区域多看上两眼。

21

图 21 所示为售后服务，这块区域可以放一些售后服务条款说明及退换货说明，另外你还可以放置你的快递事项及客服窗口等。如果你店铺有厂房或者荣誉证书等企业硬实力，也可以放在售后服务这一块，毕竟企业规模、文化、大楼都是给消费者加分的一个附加因素，也可以增强品牌宣传的力度。

以上这些图例是对图 14 的分解说明，说了这么多，我们首先还得从消费者的心理活动着手。消费者购买物品，他们的心理活动是有一个先后顺序的，具体如下：

❶ 提问：你的产品质量是否过关？

应对：我们需要传递高大上的品质保障，需要设计精美的海报图。

买家的第一印象

❷ 提问：别家店也有你这种产品？

应对：我们要表达出自己的优势，全面而详细地介绍产品优点。

引导买家加深印象

❸ 提问：产品参数尺寸适合我使用？

应对：一份详细到极致的参数表。

引导买家了解我们

❹ 提问：我想知道如何使用该产品？

应对：广泛的信息介绍，从上到下、从里到外的介绍。

引导买家接纳我们

❺ 提问：你店和其他店的产品太像了？

应对：我们的产品好得多，质量和物流实力水平都超过其他店。

引导买家留在这里

❻ 提问：怀疑你店只是徒有其表地在夸大？

应对：企业强大的硬实力介绍。

就选你家店购买！

二、设计盲点

本小节主要介绍了关于详情页的一些设计要点，其实详情页还有一些设计的盲点需要给大家讲解，虽然它并不太起眼，然而却对页面整体效果起着至关重要的作用。

22

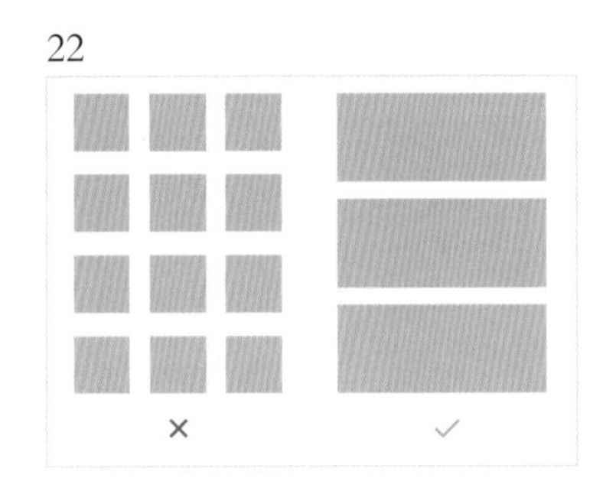

23

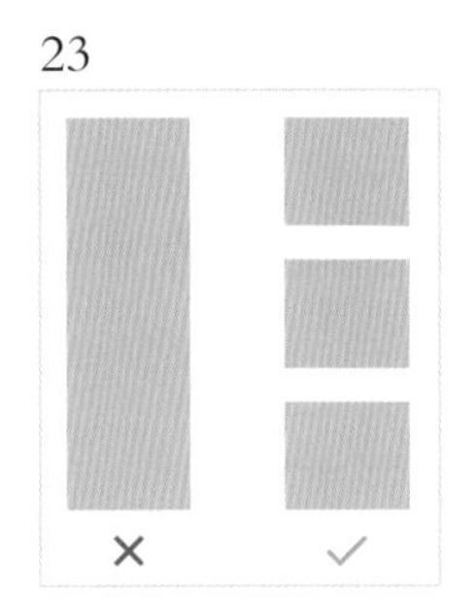

Ⅰ - 关联销售做得过长过多

如图 22 所示，一旦关联销售做得过长过多，就会导致买家直接跳过你的关联区域去看你的详情部分，一些性急的顾客甚至干脆就直接关闭了，所以关联销售区域不要做得太多，最好是设计一张有视觉审美效果的海报图片，一般控制在一屏左右为佳。

Ⅱ - 图片设计得过长、过大

如图 23 所示，经常上网的朋友就深有体会，由于我们寻找的内容太多，等待俨然成了上网的一个大忌。现在各大商家宁可使用一些更为简单的 js 交互动画来代替烦琐的 flash 动画效果，就是为了节省等待时间换取用户的良好体验。

Ⅲ - 底部的内容做得过于随心所欲

如图 24 所示，假设一个潜在买家没有看上该款产品怎么办？为了不让他们马上跳

24

转到其他店铺，需要做的就是如何将底部内容做好，因此这一块也不能大意。

Ⅳ - 风格前后不统一

如图 25 所示，大家在设计作品时参考高手的案例寻找一下灵感也无可厚非，然而有的设计师就一股劲地抄，这幅作品觉得不错抄一点，那张海报也觉得不错又抄一点，最后搁在一起就是五花八门的败作，所以要确定下来自己的风格，用自己的思路来发挥创作。

Ⅴ - 参数、文案错误

如图 26 所示，在设计制作文字、参数的时候，除了自己要多加细心核对之外，最好让运营和文案各检查一次，图书都有三审三较，作图也不例外。

25

26

三、详情页的长度范围

我们在设计详情页的时候，除了要掌握设计的基本框架组成和设计要领外，还应对详情页的高度有一个合理的范围界定，不能一味地做长、做多，我们在天猫的生意参谋里有这么一个图表介绍，具体如下。

如图 27 所示，建议正常的宝贝详情页高度为 8 000px，而 8 000px 以上就偏高了，超过 20 000px 就为过高。我们看看这些数据，其实并非无道理，我们可以从两点验证它的这种说法：

❶ **加载速度**。如果图片设计得过多、过于复杂，它会影响到你电脑的加载速度，速度一旦慢下来就会直接导致用户跳失率的增加。因为大众用户的宽带可能只有 500KB ～ 1MB（一般家庭的常规电脑宽带限速），如果他们在浏览该店铺详情页的时候，我们要保证用户的鼠标向下游走的同时也能让他们看到相应的图片。

❷ **浏览心理**。根据淘宝统计数据显示，大部分顾客只会浏览 1 ～ 10 屏的内容，如果你做一个 30 屏的详情页，顾客已从右边的滚动条产生出胆怯的心理，现在的人太忙了，不要寄希望于他们会有足够的耐心看完你长篇大论的介绍。“less is more”这句话在我们设计界很是受用。

以上数据均来自于淘宝和电信行业的官方发布，因此可信度还是挺高的。

27

设计制作

概述：

上一节我们主要对详情页进行了分析和了解，本章则侧重于对详情页进行设计制作。既然是设计制作，那么接下来将会对详情页的细节考虑得更加透彻全面。

01 超市购物与网购的相似之处

一旦你的店铺产生了流量，我们就要考虑该如何将它转化为成交量，这个时候宝贝详情页就显得尤为重要，我将它归纳为五个步骤（图 28），这五个步骤是根据消费者的心理需求来定义的，无论是线上线下，这五个步骤都可以运用到消费者的购物行为中去。

28

其实我们网上购物和去超市购物有很多相似之处，先来了解一下通过超市购物所能带给我们的运动轨迹（图 29）。

29

细心的朋友也许会发现以下 5 个超市营销方式：

❶ 在超市的大门口总会有香气扑鼻的面包房或

者引人注目的小吃点心。

❷ 暖色调的外墙意味着以热情洋溢的态度欢迎你进入，冷蓝色的内饰让你驻足停留多观看一会儿。

❸ 当你几乎穿越完整个超市，才会发现生鲜食品在最里面。

❹ 在与你眼睛高度差不多的水平线上是一些比较诱人的畅销品，而优惠品在通道末端。

❺ 利润最高的货品在收银台旁。

回到网上购物环节，线上的详情页是如何根据这五个步骤逐步引导买家，从认识商品到最终产生购买行为的呢？

比如，我想在超市里购买一盒茶叶，走进超市就看到一盒茶叶包装很好看，很符合我的定位。这就等同于我在网上店铺看到这款茶叶的整体图片（图 30），是整体图片引发了我的兴趣。

接下来，我会走过去拿起茶叶包装观看，看它的外观、样品等，这个时候就等同于我在店铺里看它的细节图。如果他的细节确实做得很到位，我就会向销售员咨询它的口感及减脂等功效，这就相当于我在店铺里看它的产品介绍文字，如果功能也符合我的要求，那么这些要素则激发了我的潜在购买需求。

在我了解完产品细节之后，我可能会去了解它的售后服务，能否提供冲泡技巧等相关咨询（图 31）。如果是在网店，我可能会关心客服是不是可以解答我一系列关于产品的问题，售后服务的完善会让我发自内心地对它产生信赖。

如果销售员还告诉了我该公司的实力、品牌效应等（图 32），更加会增强我对该茶叶的信任度，此时也许会让我从信赖到有强烈的购买欲望。

如果前面的步骤都完善得很好，这个时候我就会想办法开始购买了，如果销售员在这个时候跟我说：买一送一，赠金茗陈香一片，过了期限就没有机会了，此时的促销会让我尽快购买。

30

31

32

02 15 个相互联系的逻辑关系

以上是一个线下业务员实现成交转化的五个步骤，由于线上不可能和每个客户去讲，但可以借鉴这种逻辑顺序，因此宝贝详情页的逻辑顺序描述很重要，即宝贝的整体图片、宝贝细节图片、产品功能介绍、售后服务、交易条款和联系方式。

要完成这五个购买的步骤，详情页设计会存在着 15 个相互联系的逻辑关系。

① 关联推荐，本店其他热销产品。

② 焦点图，吸引顾客。

③ 目标客户群，买给自己还是赠送他人。

④ 场景图，激发潜在需求。

⑤ 商品细节，增进了解。

⑥ 购买理由，产品优势。

⑦ 找痛点，使用产品前存在的问题。

⑧ 商品对比，同类型的产品。

⑨ 客户评价，产生信任。

⑩ 产品的非使用价值，顾客额外能得到什么。

⑪ 感觉塑造，给顾客一个 100%购买的理由。

⑫ 其他用途，送父母、送恋人、送领导。

⑬ 购买号召，发出打折限时活动。

⑭ 品牌介绍，企业实力、口号等介绍。

⑮ 购买须知，发货、邮资等后续服务。

接下来，我以一款宝贝为例，使用图文结合的方式对详情页的 15 个逻辑关系进行剖析。

一、关联推荐

有的顾客也许对该款产品不太感兴趣，或者关联推荐里面有一款可以让你有更高期望值的产品，此时这块区域就可以介绍与这款产品相关的其他产品，这就是详情页的关联推荐，它同时也起着一个承上启下的作用（图 33）。

33

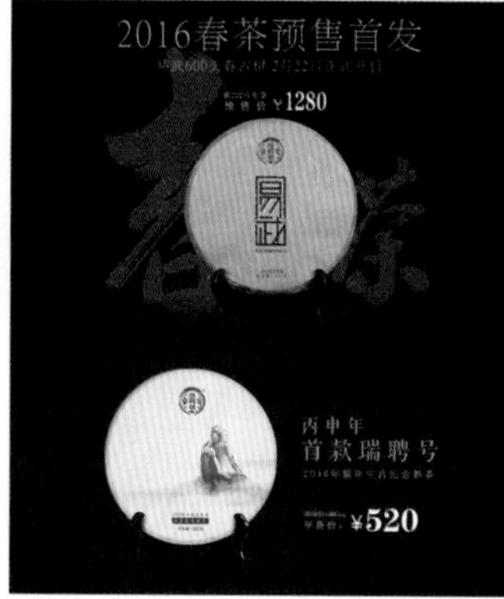

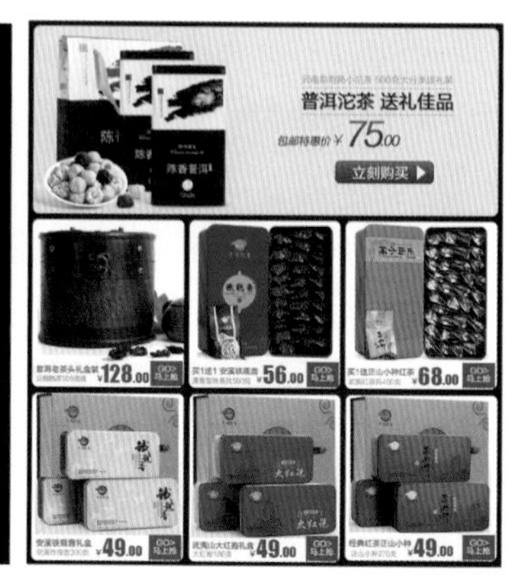

二、焦点图

34

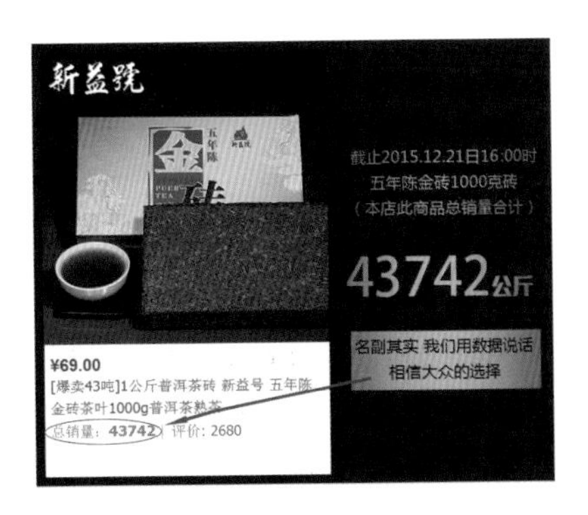

当消费者看过关联推荐商品之后，他们会迅速地切换到焦点图环节（图 34）。我们需要做的就是通过焦点图迅速地抓住他们的眼球，让消费者看到焦点图后能够明白这个商品是什么，商品的使用对象应该是谁。

我们可以通过什么形式引起消费者的兴趣呢？这个倒没有固定的限制，比如可以是热销盛况、产品升级，甚至可以是顾客自身的痛点。

三、目标客户群

这个商品的目标客户群是谁？买给谁用的？明确地告诉消费者这个商品的目标客户是谁（图 35）。因此，这里有两个目标客户：一个是商品的使用者，另一个是商品的购买者，对象可以是自己也可以是他人。所以需要清楚地界定客户对象是谁。

35

四、场景图

商品用在什么场合？什么场景下使用？这时候可以寻找一些比较温馨的场面，比如一家人围坐一起品茶或者在皎白的月光下边喝茶边聊天的惬意场景等（图 36）。

36

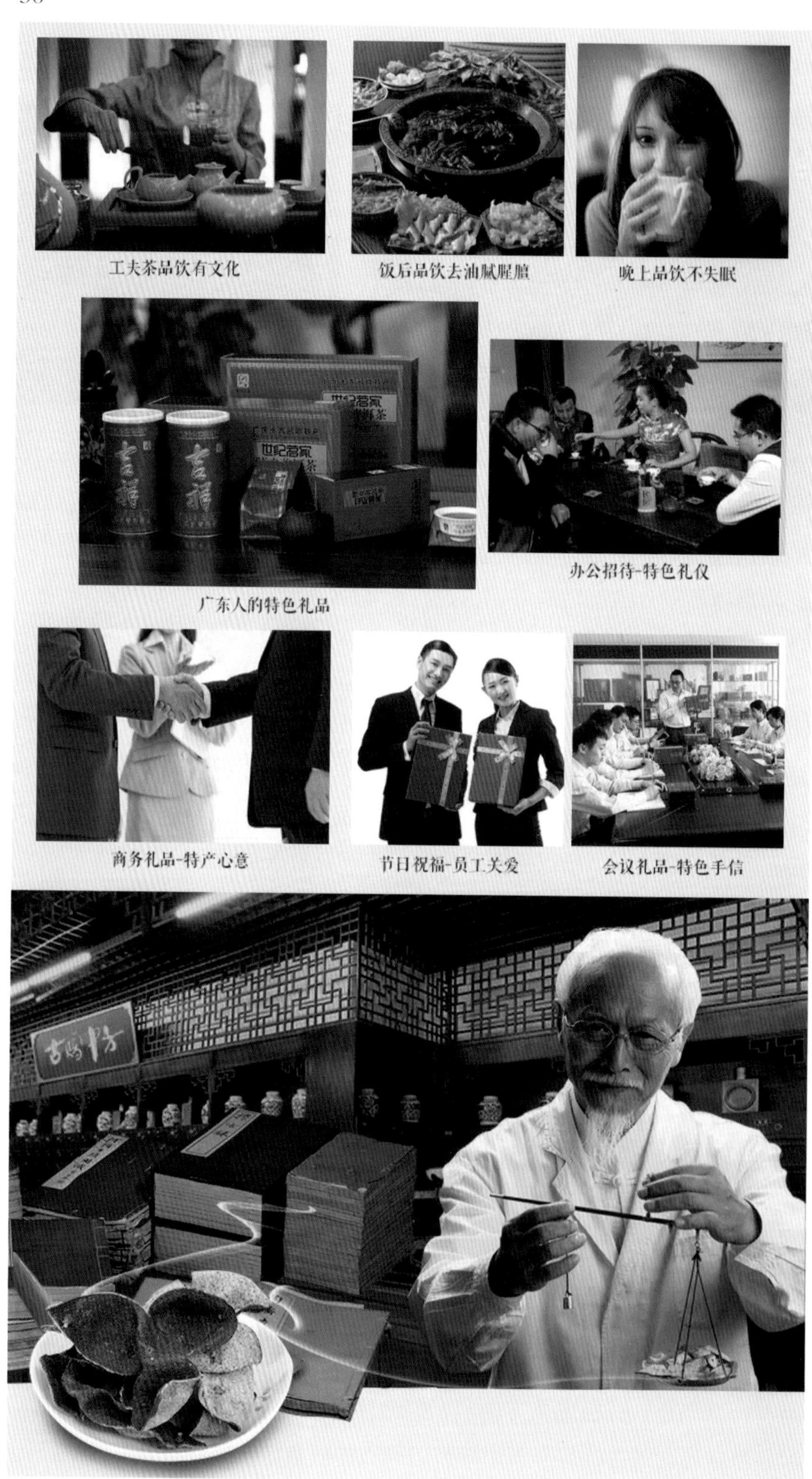
工夫茶品饮有文化
饭后品饮去油腻腥膻
晚上品饮不失眠
广东人的特色礼品
办公招待-特色礼仪
商务礼品-特产心意
节日祝福-员工关爱
会议礼品-特色手信

五、商品细节

37

通过场景图让客户对商品产生了感性认识，并产生了兴趣，接下来就是要通过理性思维来考虑的问题了。图 37 所示为商品详细图，也叫商品细节图。

我们为了让顾客尽可能多地了解商品的细节，可以从不同的角度多拍摄些商品照片，越全面越好。换个角度来思考，如果我们是顾客，我们进店后若看中了一件满意的商品定会拿着仔细查看一番，当顾客了解的商品细节越多，就会对该商品越信任。

六、购买理由

38

顾客为什么要购买这个商品？如图 38 所示的两幅图片，卖家一定要找到该商品的卖点和优势。在网店随意搜索一件商品，顿时琳琅满目的商品让人不知如何选择，既然大多数店铺所呈现的商品都看似差不多，那么想要与众不同并将顾客的目光都聚焦在自己店铺，就必须得比其它店铺的商品更加优越、文化与理念更加新颖。

七、找痛点

39

设计了购买理由、商品优势之后，假设消费者不买这个商品会遇到哪些问题？做痛点设计最能打动消费者（图 39）。

八、同类型商品对比

40

前面的内容足以让消费者心动，同类型产品很多，为什么偏要买你店铺的商品呢？因此，一定要做同类型商品的对比，比如说价格对比、质量对比、原料对比等（图 40）。

九、客户评价、第三方评价

你的商品究竟好不好，不是你自己说了算，一定要增加第三方评价（图 41、图 42、图 43）。淘宝在详情页设计中就大量采用客户评价来作为一个重要的评判商品环节。因此我们在设计详情页的时候也应该考虑第三方评价，比如买过这个商品的客户评价、权威机构对商品的评价、第三方服务机构对你店的评价等。

41

42

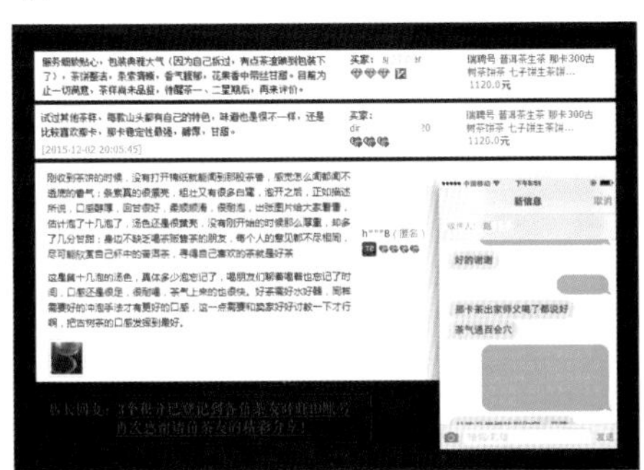

43

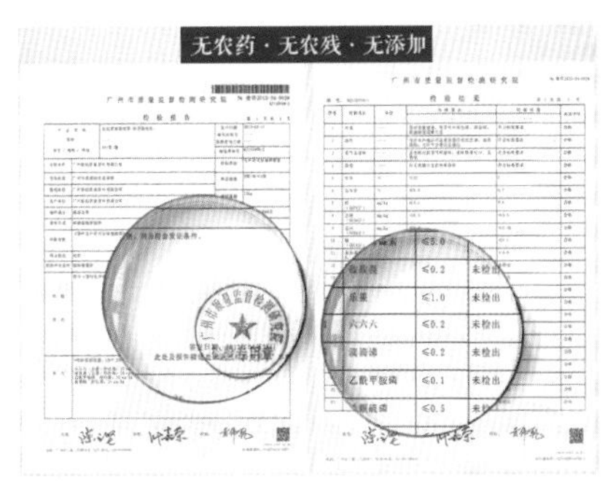

十、产品的非使用价值

44

商品详情页一定要有关于商品的非使用价值的文案设计，告诉消费者此商品还能给他带来什么非使用价值，如图 44 的两幅图片所示。非使用价值区域可以将一些比较经典的传说故事或者公司的文化理念融入进去，看到商品背后许多不为人知的事情，增强了商品的文化力度。

45

十一、感觉塑造

在宝贝详情页描述里必须要有消费者购买这个商品以后的感觉塑造，强化消费者对该商品的信任关系，要给消费者一个 100%购买此商品的理由（图 45）。在前面的用户设计中已经将这种拥有后的感觉塑造出来了，即一家人身体健康、其乐融融的场景一览无余。

十二、其他用途

普洱茶买来除了自己饮用，还应有多个购买的理由，比如买给朋友、父母、恋人等（图 46）。

46

十三、发出购买号召

发出号召的最好方法就是营造紧张的气氛，比如限时、限价、限量、限本店等促销活动，当然前提条件是你的商品让顾客产生足够的信任感，促销活动才能派上用场（图 47）。

47

十四、品牌介绍

企业的品牌实力介绍可以增加消费者对该店铺的信任，如图 48 所示的两幅图片。它可以提高商品的单价，这也是走出价格战的途径之一。所以这就是为什么名牌产品的价格明显高于路边摊的小商品，而我们还是坚定不移地选择名牌产品的原因。

48

十五、购物须知

49

购物须知实际上就是我们通常说的售后服务，这一板块主要是商家履行与消费者购物相关的合约，比如有邮费、发货方式、退换货细则、售后服务条款等。这些合约相关的条款，还是很有必要告知买家，尽管没有多少人会看，然而写在这里既会给顾客安全感的同时，还能避免今后发生没必要的纠纷，如图 49 所示的两幅图片。

下面用一张图表的形式将这五大购买步骤与 15 个逻辑相互对应的关系归纳总结（图 50）。

这是一款宝贝详情页的基本逻辑关系，然而根据产品的不同、时间点的不同，其逻辑顺序也不相同，比如：

50

五大购买步骤	15 个逻辑关系
引起兴趣	关联推荐，推销本店其他热销产品
	焦点图，吸引顾客
	目标客户群，买给自己还是赠送他人
了解过程	场景图，激发潜在需求
信任产品	商品细节，增进了解
	购买理由，产品优势
	找痛点，使用产品前存在的问题
	商品对比，同类型的产品
	客户评价，产生信任
	商品的非使用价值，顾客额外能得到什么
留住顾客	感觉塑造，给顾客一个 100%购买的理由
	其他用途，送父母、送恋人、送领导
购买成交	购买号召，发出打折限时活动
	品牌介绍，企业实力、口号等介绍
	购买须知，发货、邮资等后续服务

Ⅰ - 关联销售

51

当遇到爆款的商品时，就不应当将关联销售放置到详情页最显眼的位置。如果本身就是爆款商品的详情页，可以尝试将关联销售放到靠近底部的位置（图 51）。目的就是为了让顾客浏览完该爆款商品之后，如果确实对该款商品不感兴趣，那么可以通过关联销售跳转到其它爆款商品上去，这样提高了转化率也形成了向爆款商品聚焦的购物路径。

如果详情页本来就是该店铺的爆款产品介绍，你在最顶端放一个关联销售链接，那么有的顾客就被无意识地引导出去，很有可能选择半天，最终一样商品都看不上。

因此，关联销售并不是说一定要放在详情页的最顶部或者最底部的位置，要根据商品的受欢迎程度灵活运用。若宝贝的转化率很高，上面放搭配套餐，下面或者中间放同类产品推荐，甚至可以不放产品。在转化率的宝贝上面放搭配套餐有助于提升商品单价，同时还可以拉动其它爆款商品转化率。

Ⅱ - 爆款商品

52

一款爆款商品正在旺季火爆销售期间，来买它的顾客基本上都只想知道产品的规格等基础信息（图 52）。所以要站在客户角度去考虑问题，可以将宝贝描述中的产品规格和客服中心往上放，让顾客越早了解到商品信息越好。

所以，每一款商品都需要经过精心调研后，根据各方面的综合因素并通过此购买步骤和逻辑关系来定制设计。

03 详情页图片设计

一、点、线、面的排版

详情页的排版也就是基础结构的几何图形的排列，而几何图形其实就是平面设计常提到的“面”，“面”是由“线”组合而成，而“线”又是由“点”组合而成，相对于其它元素来说，“点”是比较容易引起人视觉注意的。

53

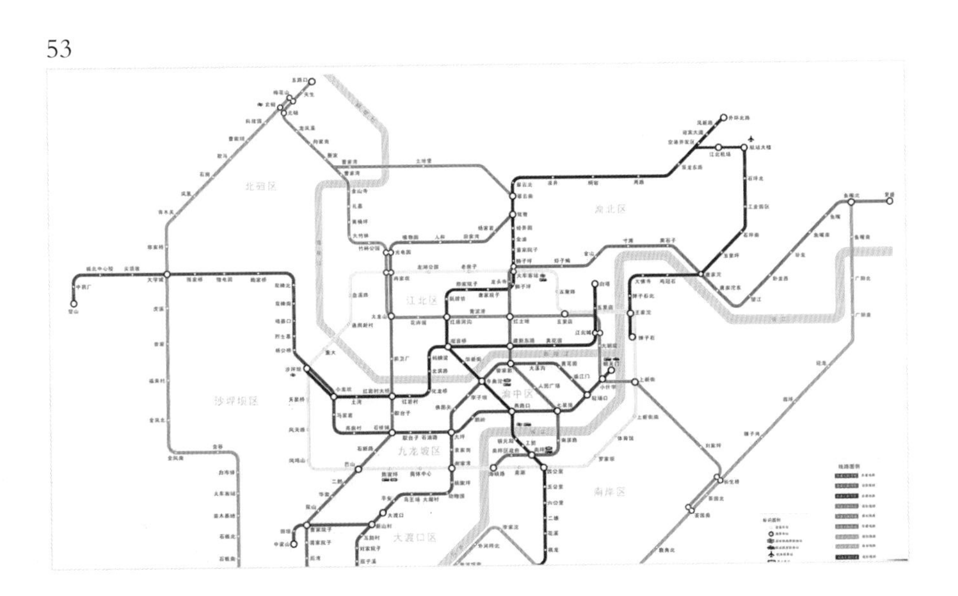

如图 53 所示，我们看到地铁图上每个站点都用一个圆圈代表，圆圈更容易被乘客注意到。地铁图上的线将各个站点串联在一起，起到了承上启下的导向作用。

与强调位置与聚焦的点不同，线则强调方向与外形。

54

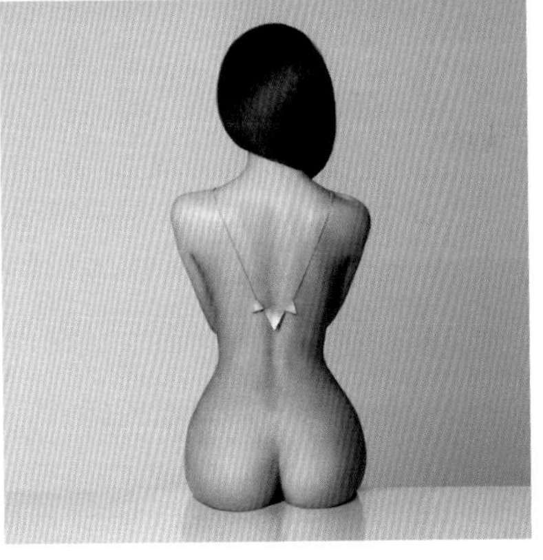

直线具有力度与冲击感，稳重而正式，常用于比较硬朗的场景；而曲线则具有女性化的特征，给人一种柔软、优雅的感觉（图 54）。线是最富表现力的视觉形态，具有情绪化和表现力的视觉元素，有着导向和界限的功能，让人比较容易联想到分割线、地平线及对角线等。因此，我们在设计的时候要把握好整体的风格，是该运用硬朗的风格还是优雅柔美的风格，主要还得取决于相关场景的需要。

二、字体风格与节奏

Ⅰ - 字体风格

字体风格就是字体本身自带的一种规范化特征，就像不同的人会有不同的 ID，每个人对世界的人生观、价值观也会不同。字体的风格随产品的定位不同也迥然发生着变化，比如黑体字就是笔画等宽、方头、端正，比较适合运用在正式而庄重的场合。另外，除了字体之外，字形的变化给人带来的感觉也是字体风格的一方面，比如 Edwardian Script ITC 斜体 *Edwardian Script ITC*，这种花式斜体的文字给人的感觉是欧式古典、动感、高雅的。

55

▲促销字体

▲高端字体

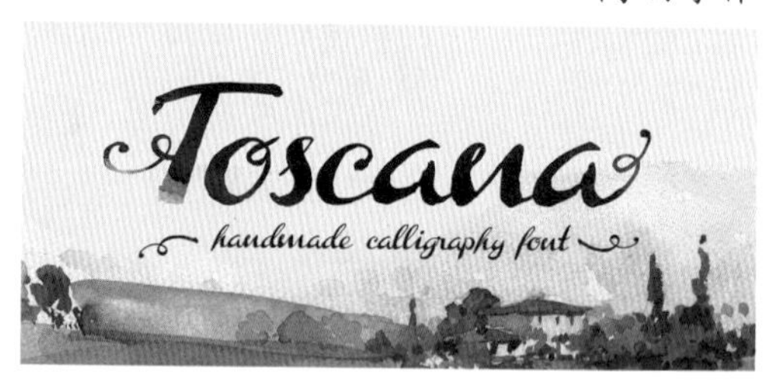

▲欧式古典字体

促销字体可以设计得随意一点、夸张一点，以达到引人注目的效果；高端字体尽量使用带衬线的字体，不一定很醒目、很夸张，但是一定要有力度；欧式古典字体多以手写花体为主要辨识元素，彰显出古典欧式贵族的浓郁气质（图 55）。

字体风格能体现出来的是一种情感表达，不同的字体所表达出来的效果截然不同，使用什么风格的字体要根据产品定位和需求来定义，切忌生搬硬套。

Ⅱ - 字体节奏

我们控制文字间的节奏，目的就是为了提炼相对比较重要的文字信息，改变文字节奏的手法主要是通过字号、颜色及样式的变化来形成。接下来给大家举个例子，大家可以感受一下文字调整后的节奏发生了什么样的变化（图 56）。

56

2017年彩色半调没有节奏地写完了UI设计教程

2017年彩色半调 有节奏地写完了 *UI设计教程*

要使一段文字有节奏、有韵律，就要想方设法将一些重点字、词通过放大字号、改变颜色来突出区分，较长的句子可以通过加下画线或者加空格来区分。当然，我们还可以通过其他不同的手法来解决一些呆板的文字排列问题。我们设计出来的详情页，其目的就是为了吸引顾客的目光，让顾客快速地记住那些突出的重要文案，最终达到网店营销的目的。

Ⅲ - 产品图

斐波那契数列又称为黄金分割数列（图 57），它在自然界的造化物中得以完美体验，比例基本为 1 ： 1.618。我们生长在自然世界中，若按相似的比例进行设计，总能愉悦我们的视觉感官。在历史记载中，黄金比例经常被使用到艺术和设计中，一些宏伟的建筑经常采用黄金比例作为衡量准则。下面的这些例子，也许你在设计中也能用得上。

57

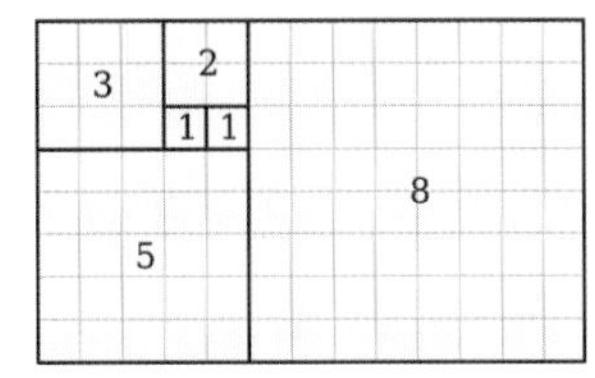

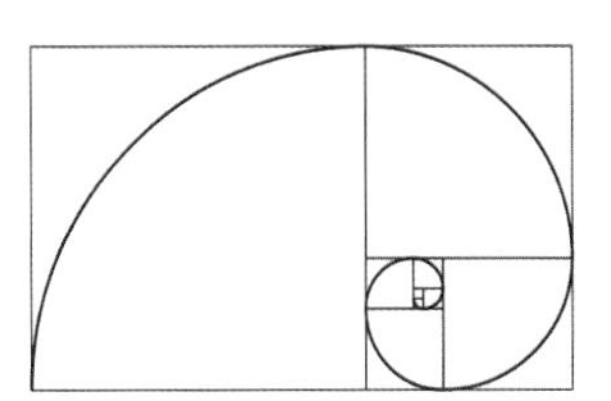

58

▲巴特农神庙

59

▲最后的晚餐

如图 58 所示，这座古希腊建筑使用了黄金比例作为尺寸比例关系。而后来的新古典主义建筑风格同样遵循了黄金比例。

如图 59 所示，达·芬奇对黄金比例采取了进一步的应用，在最后的晚餐这幅画中，所有人物排列在整体的 2/3 处，而耶稣这一角色在构图上采用了完美的矩形。

一些“黄金分割”的经典案例也被设计师灵活运用，2010 年 Twitter（图 60）的重设计就严格遵循了斐波那契数列，整个版式的构图给人以赏心悦目的感受。

Apple iCloud 的图标可不是随随便便画出来的，创作者 Takamasa Matsumoto 在博客中展示了该图标的设计思路（图 61、图 62）。

从贝壳到鲜花，黄金比例无处不在。花朵、贝壳、菠萝、蜂巢，都遵循了黄金比例的规则（图 63）。在恰当的时候，准确无误地将“黄金比例”法则运用到你的设计中去，画面完美的构图定会吸引到更多消费者的目光，同时也会受到设计界更多权威人士的认可。

60

61

62

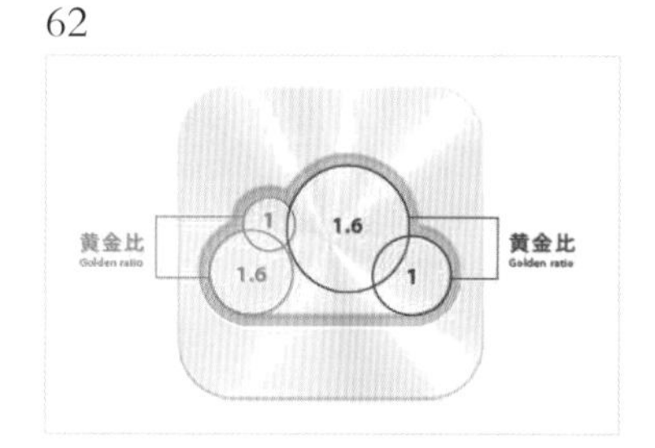

63

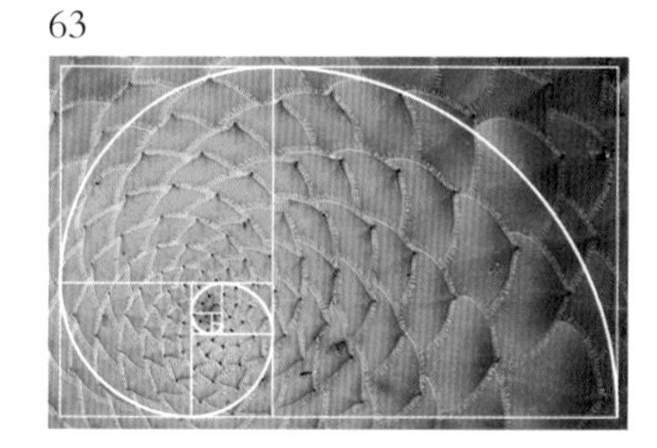

Ⅳ - 颜色的把控

❶ 颜色数量。

无论是设计详情页还是首页，使用颜色数量一定要保守，将颜色限制在一眼扫过画面能接收到主要色彩数目不超过三种，因为大部分人的颜色视觉功能是有限的，所以不要把颜色当作提供信息的唯一方法。在设计项目已明确了色系的前提下，可以选择单色去延伸至整个画面，这样最大的好处就是色系统一，给人留下深刻印象（图 64）。当然，不能完全地使用单色，适当加入小面积的辅助色，会让画面静中带动。

❷ 颜色组合。

为使颜色组合达到美观，可利用色环上相近的颜色（相似色）、色环上彼此相对的颜色（互补色）及大自然中的色彩相组合。相似色能保证页面颜色的统一，互补色能给画面增强对比，迅速抓住顾客的眼球。整幅页面冷暖色系也应达到平衡，比如前景元素中使用了暖色系，那么背景元素就可以使用冷色系，只有有了对比，页面才会更加生动。

64

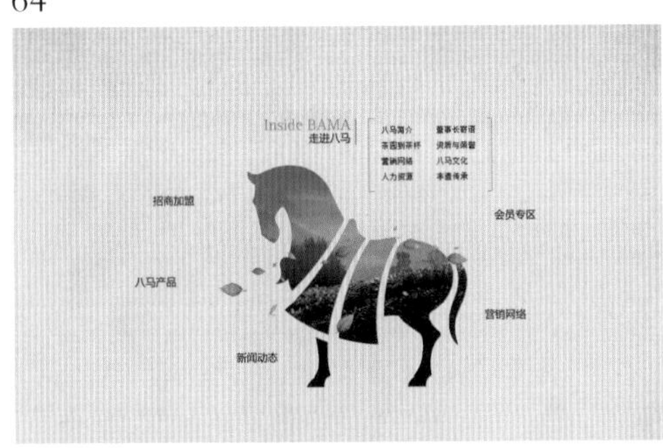

三、文案设计

文案有太多的种类，每个种类单独拿出来举例说明都会是不计其数的，所以我在这里简单给大家描述一下详情页会涉及的文案种类和特性。

文案种类分为五类，分别是品牌文案、产品文案、活动文案、促销文案和攻心文案。

Ⅰ - 品牌文案

汲取企业文化、经营理念、商品特性、行业优势等公司各方面的关键词组展开阐述（图 65）。深入浅出，直观形象能在第一时间让人理解和记忆。还可以多发挥续写关于企业品牌故事，品牌文案不同于其它，它不能经常变动。

65

关于七彩云南品牌

好茶，从七彩云南开始
GOOD TEA DUE TO COLOURFUL YUNNAN
源头/生产/研发/陈化/销售/全产业链精心打造

七彩云南茶业专业事茶十余年，依托云南生态资源优势全力发展茶产业，以强大的科研力量开发多形态、多功能、多口感的高品质茶产品，形成了以普洱茶为主，红茶、绿茶、花果茶、衍生茶类等丰富的产品结构和高端茶庄品牌“庆沣祥”、生活中第一茶品牌“七彩云南”、精制红茶品牌“茗悦红”以及第一网络茶叶品牌“有cha”等四大产品体系，同时还有自营茶庄、专营店、网络电商等多元化销售渠道，如今，七彩云南茶业已发展成为涵盖茶叶种植、生产、科研和销售为一体的综合性茶业企业。

Ⅱ - 产品文案

产品文案主要目的是为了让公司的产品变得更好销售，更有效地把最具竞争力的价值提供给客户（图 66）。产品文案是关于用户感受的设计，而不是创造这些感受的文字设计。关键词是：卖点、痛点的挖掘、情感带入、流行元素。

66

Ⅲ - 活动文案

活动文案是提高市场占有率的有效行为（图67），一份可执行、可操作、创意突出的活动策划案，可有效提升企业的知名度及品牌美誉度。在策划活动文案时，一定要注意逻辑思维清晰流畅。活动文案应遵从市场策划案的整体思路，才能够使企业保持一定的市场销售额。

67

Ⅳ - 促销文案

促销文案一定要精简（图68），一目了然，让顾客在最短的时间内对该促销活动产生浓厚兴趣。

68

Ⅴ - 攻心文案

攻心文案顾名思义就是要从顾客的真实心理角度出发（图69），把文案写到顾客的心里面去。如果顾客最终是发自内心地购买你的产品，那么就说明你已走进了消费者的心理层面，这才算得上是一个成功的攻心文案。

69

最后，对本节概况：我们通过调研得到的一个个关键点及通过问卷调查所收集到真实有效的数据，这些东西对于我们来说就像是价值并不太高的檀木球。而思路和方法则是一根能串联这些檀木球的线，至于后面的工作就要看你自己如何将优质的檀木球稳妥地串连在一起。根据店铺不同的经营状况、不同的类目及产品在店铺中的主次定位，从而挑选出你认为比较重要的关键点。通过一系列的精挑细选，最终一串价值不菲的佛珠就被你制作而成。因此，将详情页设计比作佛珠的制作过程再恰当不过。

详情页三定律

概述：

前两节主要引导大家站在宏观的角度对详情页进行分析和策划，下面为大家介绍详情页的一些设计技法及相关理论。实际上我们设计详情页和设计其他网站有许多相似之处，详情页的三个比较重要的定律分别为版式衔接、重点突出、卖点可视。因为这三定律能够很好地在设计案例中体现出来，因此将会举例说明。

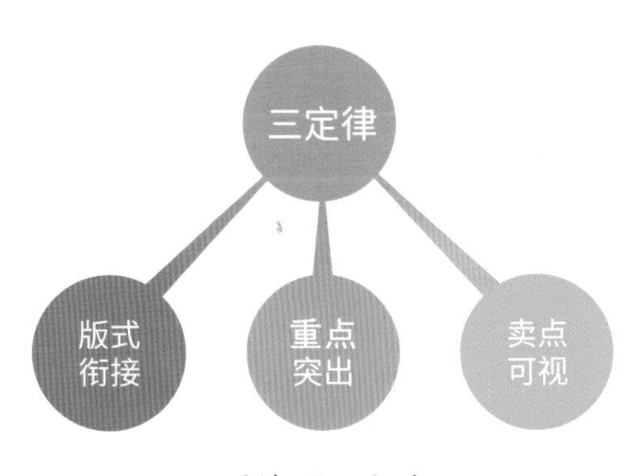

详情页三定律

01 版式衔接

在详情页中，有的商家为了更加全方位地展示自己的产品细节和企业文化，会将详情页版式的高度设计得比较长，10 000 ～ 20 000px 高度的页面很是普遍。因此，做好版式的衔接就显得尤为重要，一个好的详情页面会有一个承上启下、逻辑清晰的版式顺序。这里讲的版式不同于首页的版式分割，相比较而言，详情页的版式更加的集中聚焦。详情页的版式衔接方式有很多种，我在这里为大家介绍几种比较主流的衔接方式。

Ⅰ - 左中右式衔接

70

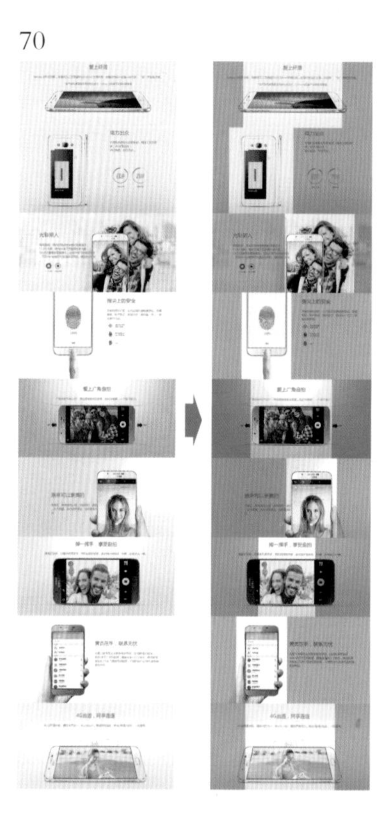

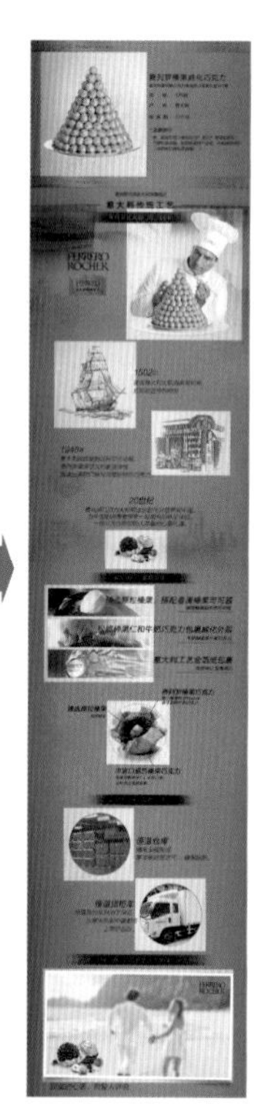

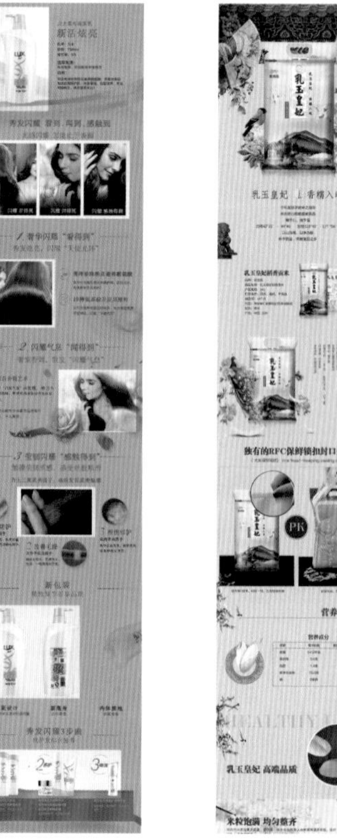

左中右式衔接是最保守且最不容易犯错误的构图，很多大型的商家都青睐于这种构图方式。图 70 所示的四张图例是比较经典的详情页设计，我将每一张图片的重点区域部分给大家展示出来，大家可以一目了然地看到页面的亮点分布轨迹，好的构图形式不会让你的视觉中心只朝一个方向游动，穿插的排列形式才会使得页面不会死板。就好比大家看一部好莱坞的经典大片，影片内容不会一直停留在一个画面超过五秒钟。如果我将产品重心都放置在一边，你们看后感觉又会是怎样。

71

如图 71 所示，该详情页给人的感觉是整体版式呆板，全部重心都在左边，块与块之间的过渡显得生硬，产品的卖点展示不清晰，完全不存在美感一言。所以，这种左中右结构是比较保守的排版方式，我们在设计这种构图的时候应当多采用交叉的摆放形式，让画面更加灵活，让观众体会到阅读的乐趣。

Ⅱ - 柔和曲线衔接

72

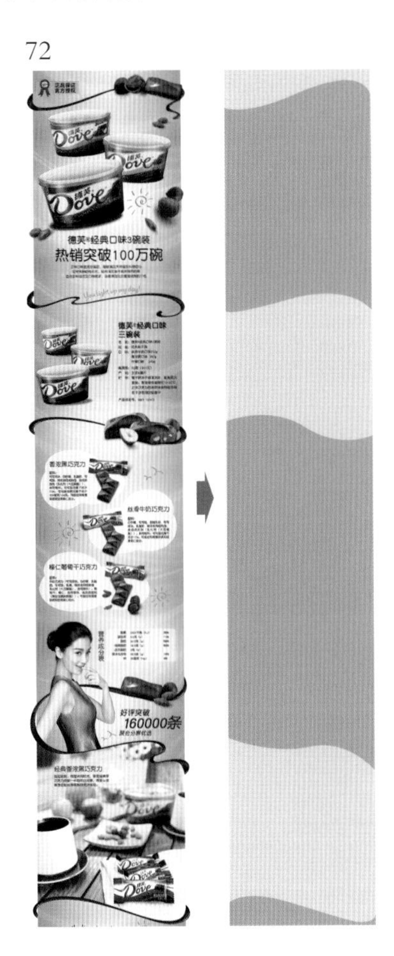

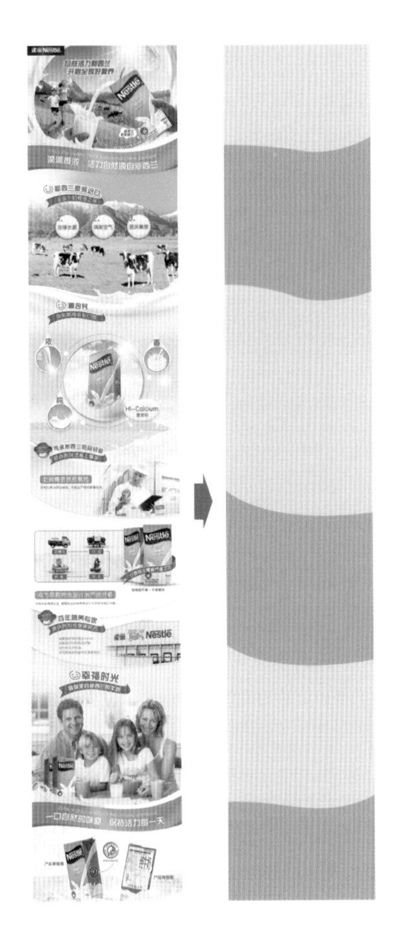

如图 72 所示的四幅图，柔和曲线衔接是通过曲线版式进行分割，常使用于牛奶、咖啡、减肥茶等女性比较爱关注的产品。柔和曲线衔接引导用户随着曲线的规律缓慢观看相关介绍，延长了顾客的观看停留时间，它的好处是既富有美感又具有形式感，缺陷就是能适合的行业并不多，阳刚与柔美的风格设计在一起总是不太协调。

Ⅲ - 斜面切割

73

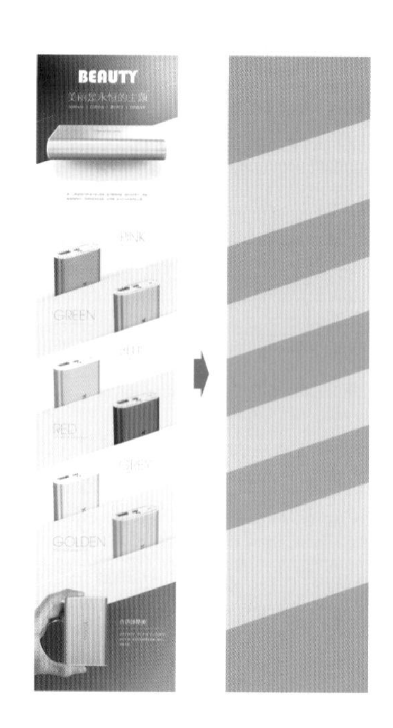

虽然前面“首页设计”章节已经讲到了斜面切割，然而它们的作用却各自大有不同。“首页设计”主要突出的是映入眼帘的产品，它介绍的是如何将一个个的产品以斜面切割的方式呈现给顾客；而详情页里面的斜面切割主要就产品的功能和促销信息通过刺激眼球的方式引导顾客关注，进而达成购买的行为（图 73）。细心的朋友也许发现了详情页的斜面切割页面实际上更多适用于数码类、运动类、机械类的产品，普遍都是比较刚硬、有力且偏男性的产品。

Ⅳ - 各类形状演变

74

各类形状演变顾名思义就是以某种形状造型为主元素进行演变，这种构图形式比较灵活、新颖（图 74）。然而运用形状演变设计时要注意以下几点：①形状统一，不要一会儿用圆形、一会儿用方形、一会儿又用菱形，很容易让画面凌乱；②需要有大小对比，分清主次关系；③由于大部分区域只使用了一种形状，某些部分区域应该突破固定形状，这样才会使版式更加活跃。

02 重点突出

一、主次文案

在详情页面中，该明确的目标一定要重点突出，不要一味地想着什么都突出，到头来却什么都突出不了。这里说的突出主要是指字体突出，怎么设计才会更加突出你的主要内容，我们举几个例子：

75

如图 75 所示，首先我们要确定好文案的第一标题，主标题、副标题和介绍性文字之间一定要有十分明显的大小对比，为了让主题明确突出，不重要的内容应相应地弱化。接下来设计几个大家平时常见到的文案排版方式，毕竟网店的设计师能力参差不齐，大家可以借鉴这些文案中哪些内容是可取的，而哪些内容又是需要我们去调整的。

76

马首是瞻视觉设计
升职加薪UI设计最佳伙伴
CHICCO.ZCOOL.COM.CN

如图 76 所示，虽然是把信息都传达给了我们，但是它带给人的感受是毫无重点，很难区分主标题和文字说明，因此这种排版方式是不可取的。

77

马首是瞻视觉设计
升职/加薪/UI设计
HTTP://CHICCO.ZCOOL.COM.CN

如图 77 所示，它带给人的感觉就好多了，它的主题明确，副标题也相对淡化一些。网址作为点缀，在字号、颜色上都做了最大的弱化。然而，它给人的感觉又太平淡，缺少亮点，从上到下仅以居中的形式排列，让人感觉比较呆板，如果是设计详情图，可以考虑后期再优化。

78

如图 78 所示，经过一番文案排版设计，增加了点、线、面元素的修饰，是不是感觉立刻上了档次？所以接下来要多思考如何突出文案主题，并且运用哪些元素会让整个页面看起来更加美观、大方。

二、产品修图

一个产品能不能够吸引人，很大程度取决于产品修图的质量上，所以，我们除了对产品抠图，还应对产品的颜色、光泽等细节做进一步的处理。

如图 79 所示，产品修图除了在原有的产品图片上进行调整，还使用制图软件通过拟物的手法重新将该产品某些部位绘制出来，可以使用渐变、投影、光效等技法，尽

79

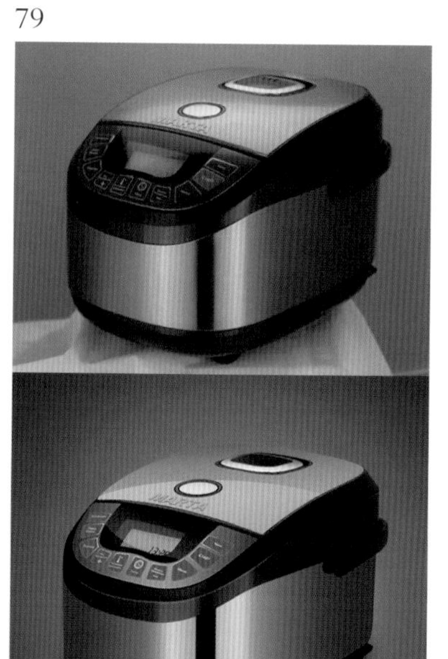

量使产品更有立体感，颜色更加通透，形象更加逼真。因为关于制作产品的过程图太多太烦琐，在此不再赘述，感兴趣的朋友可以参阅其他老师编写的关于产品修图的制作教程。

03 卖点可视

在详情页设计中，卖点可视就是设计师尽量以图片展现产品卖点而非一味地通过文字说明来阐释，毕竟图片更能生动地表达出产品所拥有的独特特性，尽量能让用户少阅读文字就能领会到产品想表达的意境，特别是在性能方面，可以设计得更加夸张一点。

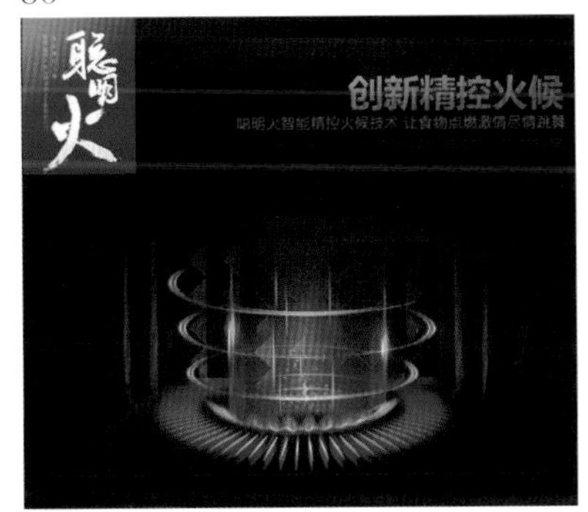

82

图 80 所示为通过光效设计，我们看到该微波炉不仅有加热功能，还能智能调节火候大小。通过图片就可以想象该产品功能十分人性化，非常适合于居家使用。

图 81 中虽然没有文案，我们却能领略到该空调的卖点：四维立体送风、节能绿色环保、造型优雅时尚、强力安静高效。

很多补水保湿的护肤产品使用大量的水珠和水泡，主要目的是想突出该产品的保湿效果甚好。如图 82 所示，设计师将护肤品设计于海水冰川中，将补水成分更加夸大，让顾客不用阅读一个文字就足以了解该产品的功效。设计师使用拟物的方式将产品形容得淋漓尽致，这一手法屡试不爽。

83

在图 83 中，商家使用一个成年人坐在晾衣架上的这种最简单、最直接的方式来表达承重，既然成年人都能够承重，那么衣物更加可以安全放置。

乐高玩具则更具有想象力（图 84），直接将积木加上一些特效和场景，模拟成一幅打斗的场景，将本来由静态的玩具瞬间展现得活灵活现。由于乐高公司长年累月地用心策划出自己经手的每一件玩具，至今已有 80 多年的发展历史，因此现在依然是世界上最大的儿童类玩具公司之一。

当然相似的例子还有很多，在此就不

84

一一举例了，大家要记得的规则就是：充分发挥你的创造能力，通过比较夸张的手法将该产品的优势特性传达给顾客，这就是卖点可视。

总结：

本节讲到了版式衔接、重点突出、卖点可视三大定律，掌握好了这几点，我们就能更好地驾驭于详情页，为客户提供更精美、更符合逻辑的作品，从而其最终目的是提高店铺的销售量。

chapter 4

/

第四章

第四章

直通车设计

前期分析

概述：

本章讲解直通车的一些基础理论知识及实战策略，希望在学习过后人人都能独立完成直通车图片的设计并熟练运用。为什么直通车要单独拿一个章节来讲解？别看是不起眼的一些零碎小图，直通车可是一个可增加店铺流量的重要途径。

了解直通车的朋友一定会觉得直通车会有什么样的规范，不就是设计几张图片让用户点击，点多了流量就上去了，从而转化率就高了吗？那只是业余人士的说辞罢了，我们知道任何行业都有自己的规则，没有规矩不成方圆。规则就相当于是你的设计工具，你没有一台好的电脑，很难设计出惊人的作品。因此，掌握好应有的设计规则会少走很多的弯路，对于新手来说更是要掌握好基础的理论知识，才能在今后的设计道路上崭露头角。

我们在学做直通车之前应对它进行前期分析，就像做设计之前，分析也是设计工作的一部分。直通车是为淘宝卖家量身定制的，按点击付费的效果营销工具，实现宝贝的精准推广。淘宝直通车推广，使用点击链接的方式，让买家进入你的店铺或者你的产品详情页，产生一次甚至多次的店铺内跳转流量，这种以点概面的关联效应可以降低整体推广的成本并提高整店的关联营销效果。简而言之，直通车就是按点击收费的营销工具。

如何让你的直通车报表看起来赏心悦目，这不仅仅是你一个人的工作。在做直通车之前，先和你的推广设计师做前期沟通，比如沟通关于投放的关键词、展示的位置，以及对他设计的版式提出一些合理的建议等。

直通车包含一些什么要素呢？为了便于记忆，我采用图文结合的方式进行编排，如图 1 所示。

1

当然，图 1 的要素与我们设计师的关系并不大，一般由运营进行调整。运营操作尤为重要，它可能关系到整个店铺的流量、转化率乃至销量。设计师要掌握好其中的创意设计和文字排版两大要素，设计要求应符合店铺的风格及产品的特性。

直通车分为产品直通车和店铺直通车，我们先对这两种直通车的存在方式进行图文并茂的举例说明。

01 产品直通车

图 2 所示为产品直通车界面，先在淘宝搜索框输入你想要的产品，比如电磁炉、空调、洗衣机等，搜索后进入的产品列表页面的右侧就是直通车展示处。我将图 2 的直通车部分保留彩色图片以便大家能更清晰分辨，直通车也就是淘宝网的“掌柜热卖”，一般情况下产品直通车有 12 个推广位。

2

3

图 3 是天猫的直通车，它的呈现方式和淘宝有所不同，“掌柜热卖”分布在产品列表的底部位置。

图 4 是京东的产品直通车，它的直通车展现方式是在页面的左侧和下端，而且左侧的直通车图片略小于其他产品图尺寸。

4

虽然以上 3 张图片的直通车分布位置不大相同，但是它们的推广方式却是极其类似，主要是以图片宣传为主。商家可通过富有设计感、体验好的直通车图片，将顾客直接引入产品详情页，致使每一个浏览的顾客都有可能成为他们的下一个用户。

02 店铺直通车

5

6

图 5 是关于淘宝的店铺直通车，与产品直通车位于同一个页面，并在“掌柜热卖”的下方接排。

图 6 是京东的店铺直通车，它被命名为“商家精选”。它的位置在直通车的下方接排。

两家电商的店铺直通车功能一样，都是直通某商家的首页位置，这也是首页流量的最主要来源之一。

03 产品直通车与店铺直通车的区别

一、直通车尺寸

7

产品直通车与店铺直通车尺寸略有不同（图 7），产品直通车是标准正方形，而店铺直通车的尺寸高度稍高于产品直通车，这也是产品直通车与店铺直通车在表现方式上最明显的区别之一。

二、链接路径

产品直通车与店铺直通车的链接路径会显然不同，前者是链接到产品本身的详情页，而后者会链接到店铺首页或是相关活动页。

三、设计思路

产品直通车与店铺直通车的设计思路也会有所不同，既然是店铺直通车，就应该加上店铺的 LOGO，适当地加入企业的文化元素，让顾客被该商家的文化气息所吸引进去。而产品直通车主要就是将亮丽的产品呈现给顾客，所以应该适当地延长修图时间，一幅精美的产品图片会引来更多的点击率。

其实直通车需要分析的东西并不多，我们知道了它们的分布位置及用途之后，就该进入设计制作步骤，接下来进入设计制作环节。

设计制作

01 看图举例

我们在学做直通车之前，首先来看一组直通车图片的对比展示。

8

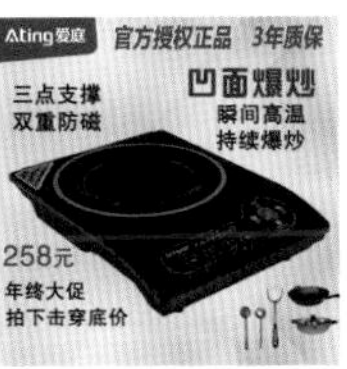

通过以上几张图片的对比，你会更倾向于哪一幅直通车图片呢？

在我看来，图 8 左数第三张图片比较适合作为直通车图片并引以致用。首先，它的色系统一，整张图片看起来十分干练、规范，细节处理也精致到位。其次，颜色运用独立，与产品特点相符。最后，字体排版处理得当，疏密关系融合恰当。

大家在设计直通车之前，先要分析该产品更适合使用什么样的色系，如果把握不准可以参考同行业其他竞争对手的直通车色系案例。比如电磁炉的特性就是它的发热性能更快、更好，如果你给它设计个偏冷色系的冰蓝色背景，顿时让人感觉到一丝寒冷，这样谁还会联想到该品牌电磁炉的发热功能。相反，假如你设计一张纯红色的背景颜色（节日类促销设计除外），那么无论你怎么设计，出来的效果会让人心里发热并感觉到不那么舒适。

图 9 就很好地使用了配色原则，深咖啡色作为底色给人感觉相当沉稳，字体颜色选用金色让画面尽显高

9

端，黄色系的对比色是蓝色系，设计师巧妙地将 LOGO 周围用了一小块蓝色，正好与画面黄色形成了互补对比色。整幅画面选用了三种主色，也不会让人有混乱的感觉。在字体排列方面也做得很到位，主标题与副标题在左上角较醒目，产品与价签也各自占据画面的左右两个部分。所以，一幅好的直通车图片，每个部分都是它的主题，在某一部分处理不当的时候，我们应该静下心来思考欠缺的原因，设计总是在错误与正确之间相互徘徊，你考虑得多，作图更加细致，得到的成品面对客户的时候才会更有说服力。

02 反面教材

在写本小节之前，首先我向各位澄清一下，我并没有贬低其他设计师辛苦创作作品的意思，作品并没有绝对的美与丑，仁者见仁、智者见智。我在这里只是将一些并不太符合于市场发展趋势，也并不一定会让社会所接受的作品进行举例说明，希望大家在创作作品的时候尽量避免在规则之外进行自我的设计。接下来看某些人在设计直通车时可能会犯下的错误类型。

图 10 问题：这张直通车图片里的文字是不是写得太少了？不写就等于“less is more”了吗？图片连主题都没有顾客怎么知道你在做什么？图中的图片可以抠图处理吗？这是使用照相机在商场偷拍的吗？我还看到一只手从左下角冒出来，这是要避免的雷区。希望该朋友能认真对待设计。

10

11

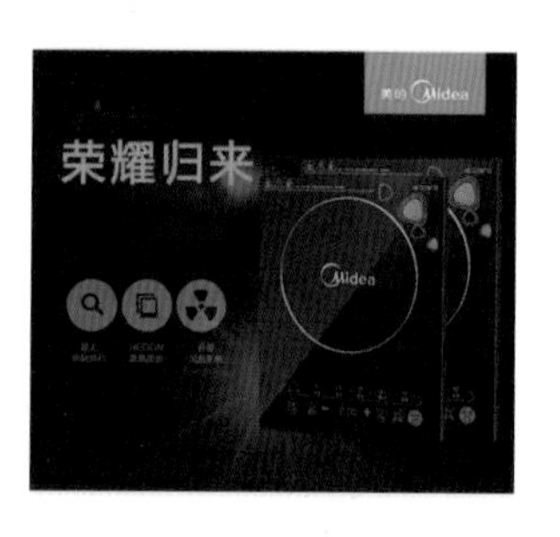

12

图 11 问题：产品这样摆放好看吗？我怎么联想到了地板砖广告。该产品的外观颜色是黑色，你竟然将背景也选用黑色来设计，这是在设计“黑客帝国”吗？问题总结：产品不突出，功能不清晰，画面太灰暗 。

图 12 问题：促销信息不明显，主题不明确，我点开详情页很费劲才看到左上角“小电磁炉”几个小字，令人很伤神的一张图片。

13

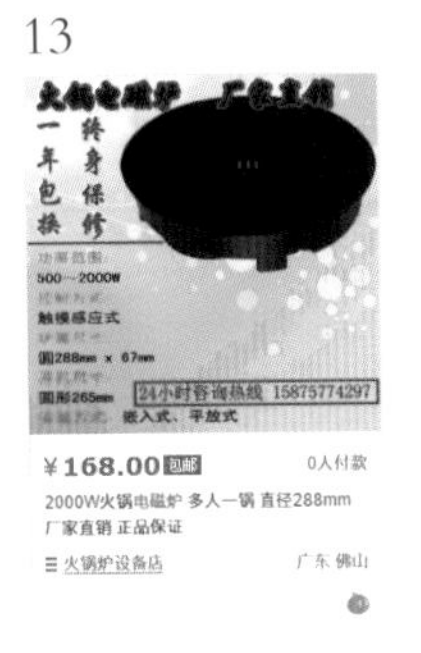

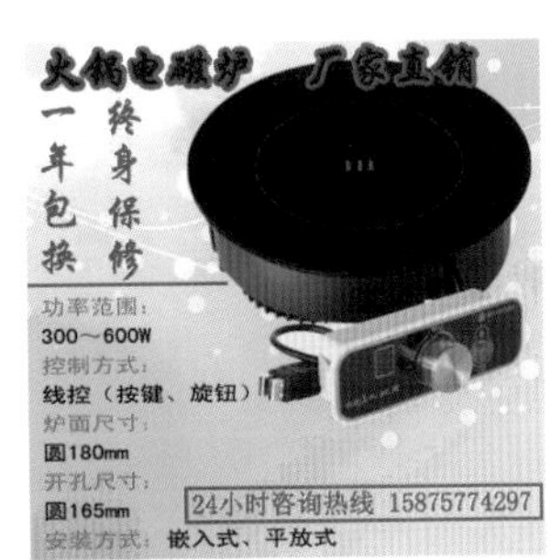

14

图 13 问题：主题使用纯黑色加大红色的描边文字，看起来就像贴在路边的小广告（疏通下水道、开锁广告等），下面热线电话设计得更像是办理证件的小广告。

图 14 问题：我们先抛开其他的设计问题不说，先来看产品的摆放问题，做直通车的时候请合理地选择最佳产品角度，该图中电磁炉随意摆放，看起来产品面积似乎被压缩了，不仅缺少美感，而且还让顾客误以为它短斤少两。

通过以上 5 幅图的举例说明，我们将它们存在的问题收集并整理后，可以归纳为五个注意盲区：

❶ 要让你的促销广告主题醒目、明确

❷ 要让你的产品突出， 切忌成为背景的一部分

❸ 背景颜色不宜过多，要给上面的图层元素留出设计空间

❹ 注意产品的拍摄角度，细心、认真地修图

❺ 直通车图定位要准确，不能当作店铺首页的 Banner 图片进行设计

03 优秀案例分析

看了以上这么多存在较大问题的直通车图片，接下来给大家呈上一些优秀的直通车设计图片并对它们进行分析说明。

15

图 15 优秀分析：

❶ 色系组合统一且规范，画面颜色使用浅蓝色系作为底色，简洁而淡雅的底色能够更清晰地凸显产品和人物等颜色较深的主体部分。

❷ 右上角的促销广告使用红、黄两色，与主色系蓝色形成较强烈的对比互补颜色，这也是该商品的亮点之一。

❸ 主标题以暗色加上大字号的字体并设计于画面比较空旷的区域，特别引人注目。

❹ 深色系并富有较强质感的产品占据了画面的 1/3 空间，产品的细节修图处理技术十分到位，让人对产品产生了一种爱慕之意。

❺ 雪地分层处理让画面一分为二，不仅给画面增强了立体感，而且更凸显出产品的主导地位。

❻ 主标题下面的附加信息可以让人对它有着更深的了解，同时也更好地进行品牌的宣传及转化率的提升。

图 16 优秀分析：

❶ 以实景图片作为背景，对产品进行修图处理并加上亮光等修饰元素。

❷ 主题语虽然在最下面，但是使用纯度较高的亮黄色致使这一块区域成为画面的焦点。

❸ 为了突出产品强力的吸气特性，滚滚白烟被油烟机吸附的效果以夸张的形式呈现给顾客，为了让顾客更加了解产品的特性，还在烟气的周围加上了一个圆环，表示该油烟机是将不留死角地吸附油烟。

❹ 右上角采用较大面积色块的促销信息可以第一时间抓住顾客的视觉中心。

❺ 画龙点睛之处是画面用到的辅助图片：榨汁机的添加可以直截了当地告诉顾客这是你店的赠品。

16

17

图 17 优秀分析：

❶ 以深蓝色海底图片为背景，产品以亮色的形式更加突出它本身的质感。

❷ 产品周围附有鲜绿色的海草，更加凸显产品清新、持久的特性。

❸ 位于页面顶部的标题字号较大且颜色为浅蓝色，与底色的深蓝色形成了明度上的对比。

❹ 虽然产品功能广告语的字号小于主标题，但是它采用蓝色的对比色黄色进行修饰，它在整个页面看来还是相当醒目的。

❺ 为了让该香水具有持久性的优势得以引人注意，设计师特意在右下角使用了冷暖对比的渐变色设计技巧，此时此刻顾客的视觉是很难逃离这片区域的。

图 18 优秀分析：

❶ 同样以深色底色为背景，模特与花洒的高明度正好与深色背景形成强烈的对比，产品的布局关系处理到位。

❷ 产品的质感修饰不错，亮光给产品增添了光泽感。

❸ 模特的表情很是陶醉，让人欲罢不能。据统计，美丽的女人和可爱的小孩能给直通车提升不少的点击率和转化率。

❹ 左下角字体以十分明显的黑白对比设计，可以十分突出产品的功能和数据。

❺ 右下角颜色纯度很高的红黄字体搭配，凸显产品的价格信息。

18

以上的这些例子不只是让大家看一下而已，有时候需要静下心来思考别人为何要这样设计，一幅好的设计图应该如何排版、如何配色等？通过观察学习，你是否可以运用自己的设计风格将直通车图片顺利地设计出来？最好能做到学以致用。

04 直通车构图

看完了这么多优秀的例子，如果现在要开始自己动手制作，你是否还是无从下手？这是因为你并不知道直通车该如何构图才能够让页面显得规范而不凌乱，没有规矩不成方圆。由于直通车是点击付费，所以产品一定要放在最显眼的位置，以免误导点击产生不必要的扣费，而直通车图片展示效果一般很小，所以构图的方式比较拮据，在大部分情况下直通车图片的排版方式都会根据产品图的特性来进行构图。本节将给大家介绍关于直通车的多种构图形式，今后你一旦拿到产品图和文案介绍，脑海中自然而然地就会将它定义到你模拟的构图中去。

一、左右结构

这种排版采用左右结构形式的构图（图 19），这种构图方式更适用于比较细长的商品图片，左边设计文字、右边摆放商品，相反也可；这类构图所设计出的图片往往更偏严谨、大方的风格，左右结构在设计中一般不会出现大的失误，但选图要适合，文案层次要清晰易懂。

19

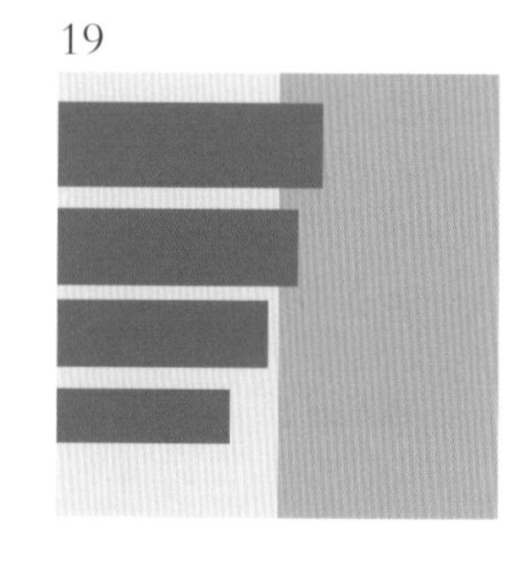

左右结构优秀案例如图 20 所示。

20

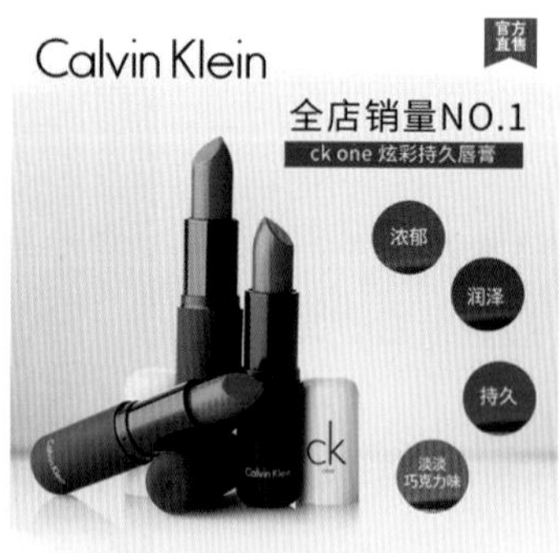

21

二、上下结构

上下结构的排版一般适用于形状较宽的产品（图 21），若将产品完全放置到画面中之后，上下会有空余，所以我们就要增加文案、小物品等其他元素。如果产品外观看起来偏稳重、大气、有质感等，文字一般排放在产品上面；相反，产品偏向于轻盈、精致细小等，文字则排列在产品下面。

上下结构优秀案例如图 22 所示。

22

三、对角线结构

23

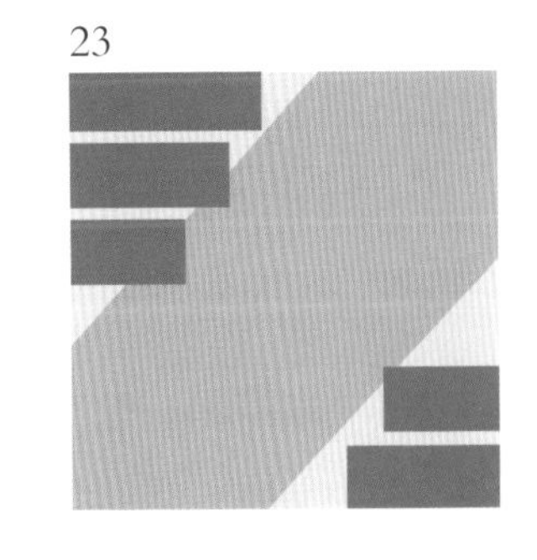

对角线构图的排版同样是根据产品图来定义的（图 23）。对角线构图的直通车产品图一般为倾斜形式。在设计一些比如跑鞋、户外等带有动感作品时会加入一些对角线条，让页面构图形式呈现对角线结构。另外，当产品图特别细长时，比如钢笔、钓鱼竿等，采用对角线构图的方式就可以尽量把产品展示得更大、更直观。对角线结构优秀案例如图 24 所示。

24

25

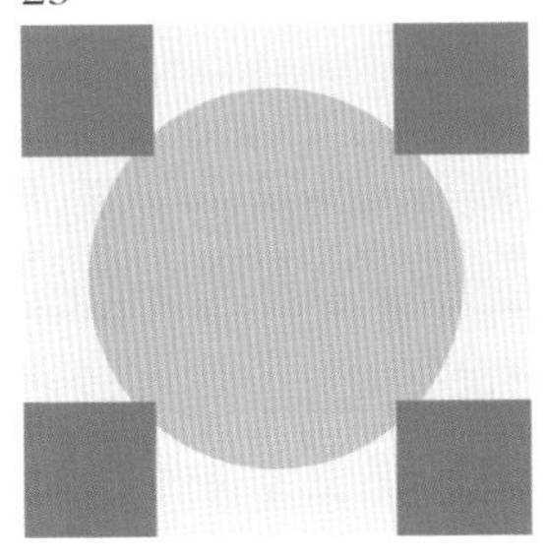

四、四周均等结构

如图 25 所示，这种四周均等的排版适宜将产品放置在页面居中位置，由于产品不可能将四周都占据完整，通常四周会留白，这时把 LOGO、文案或者其它次要图形元素分散在闲置的各个角落，通过合理地控制文字或者图形的大小来使页面获得整体的平衡感。当然，并非四周都有文案或者图形来填充，假如有的产品已经占据了右上角，那么右上角就无须再刻意地加入其它元素。所以在使用产品图时，就应控制好构图形式，预留出文案排版的位置。

26

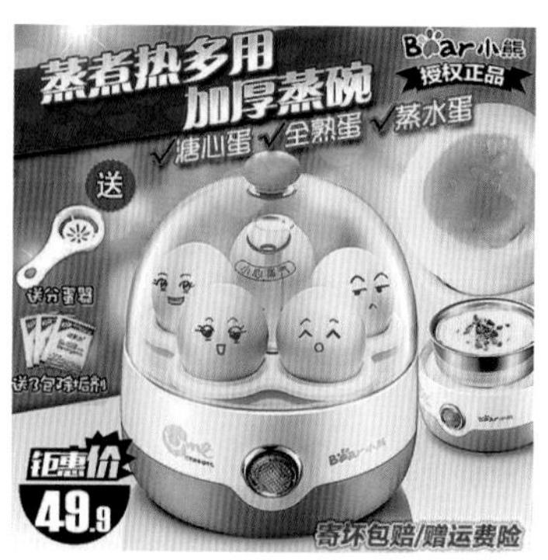

图 26 所示为关于直通车的三种常见构图排版，无论你以哪种形式进行排版，你都离不开直通车的三要素：促销信息、产品图片和利益点，这也是视觉营销上常提到的第一视觉、第二视觉、主题元素。那么什么是第一视觉、第二视觉、主题元素呢？我以图文形式给大家分析说明，便于大家能够更好地理解它们的组成成分（图 27）。

27

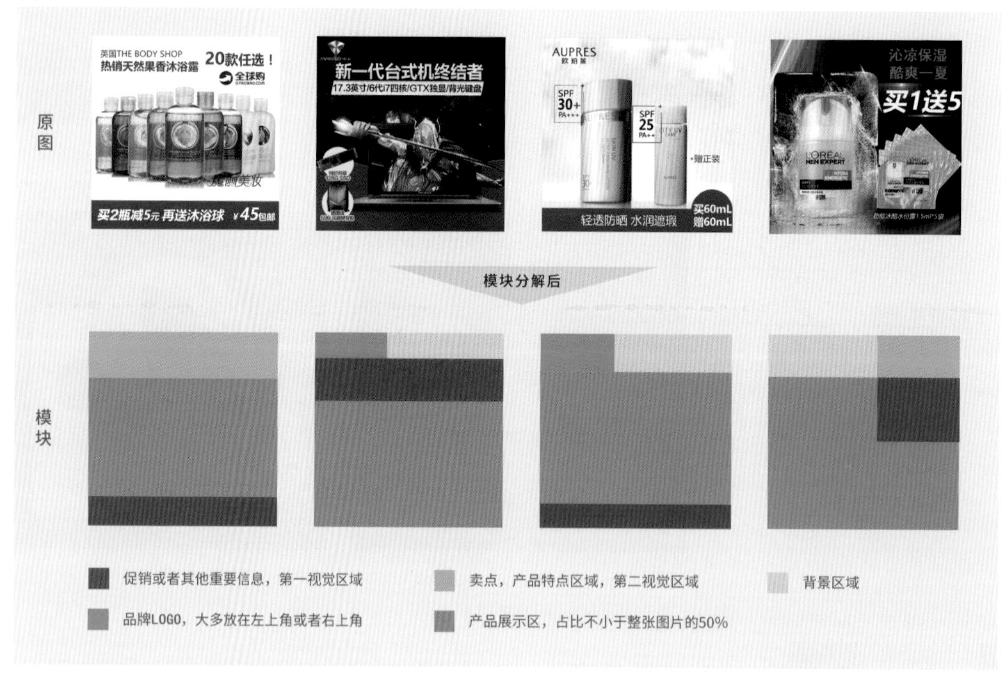

我们设计出来的作品需要向大家交代视觉信息是否明显，主视觉区与第二视觉区是否有冲突？视觉从左到右要有一个浏览节奏，不能把重要信息穿插得太过频繁，浏览舒适度对于买家来说也十分重要（图 28）。

简而言之就是通过图片刺激用户视觉，让其产生想象、兴趣和欲望，最终完成点击、品牌认知和消费购买。视觉营销能带来巨大的品牌和商业价值，是当之无愧的营销艺术。

28

05 直通车图文排版

以上列举了几种常见的产品直通车排版样式，下面来了解一下关于直通车的图文排版原理。直通车图文排版就是利用图形、文案及背景来组成新的视觉图像，从而引起人们视觉的感官，给人的大脑带来某种特定的印象。我们可以通过图文排版的方式给大家呈现信息，既可以强调正面的看法，也可以强调负面的看法，呈现信息的直通车种类往往会左右人们的决定和判断，因此可以说图文排版是影响行为的重要因素。

所以在设计作品之前，我们先要明白需要设计出来直通车的目的是什么，虽然看似一张图片，除了包含促销信息以外，我们还应抱有树立品牌形象的目的，所以我们需要的是一个相对正式且规范的销售版式。然而什么才算是正式而规范呢？我们会马上联想

29

30

到官方 LOGO、整齐和大气。

即使是同一款产品，在不同的商家眼里它们的作用也会截然不同，由于他们的区别对待，直通车俨然拥有了正品和山寨两大阵营。

图 29、图 30 所示的两幅直通车图片都是巴黎欧莱雅的产品，虽然产品相同，但是构图、排版等细节上的不同，谁是正品大家一眼就能看出。为什么左图看起来给人的感觉就是官方的产品？因为它具备了官方的图文排版形式，产品及赠送的礼品占据了页面主要组成部分，产品修图效果特别精致，色调整体统一。而右图给人的感觉比较凌乱，虽然产品放于页面正中的位置，但是没经过任何形式修图的处理，给人的感觉偏灰暗且毫无亮点，文案排列也毫无章法，既不整齐也不美观，色系不明确、不统一，还让人感到比较困惑的是第一视觉应该属于上面部分还是下面部分。

31

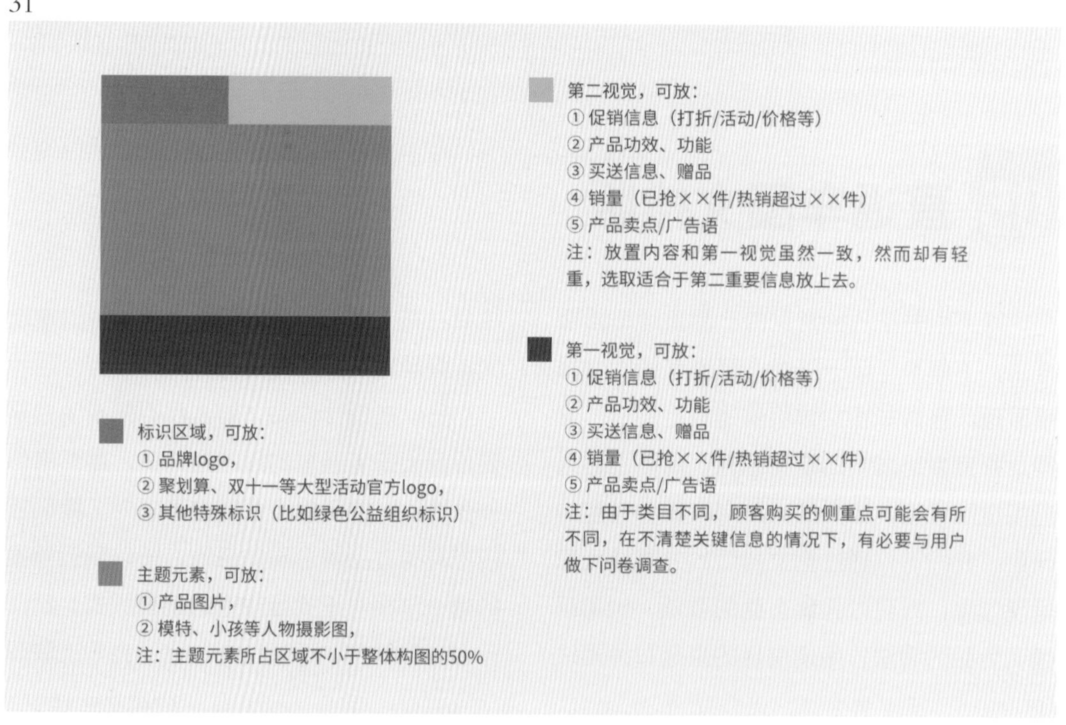

我们在设计直通车图片之前，先要有一个正面官方且有促销作用的框架，这个时候我们就能得到一个直通车图片布局效果（图 31）。

图 31 就是大家普遍认可的官方构图，在确定好构图框架之后，我们就需要对框架内的画面排版、内容修饰及颜色组合进行加工修饰，以上三要素决定了设计作品的价值走向。我们若将这三要素概括为一张图片，则展示效果如图 32 所示。

32

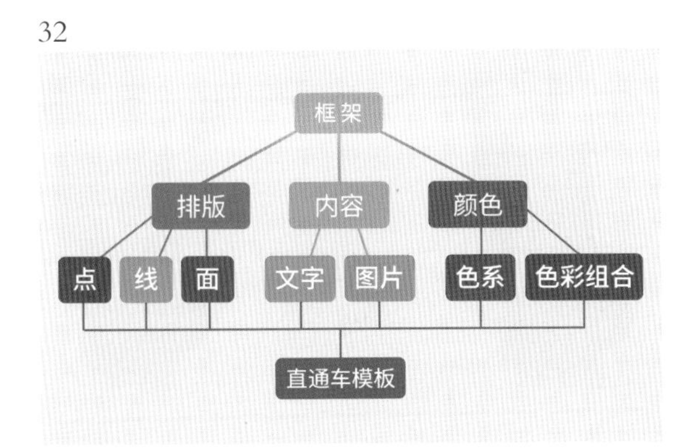

一、排版

在我们设计直通车图片之前，应当清楚它的特性就是让顾客浏览图片的时间太短，很可能只有 0.5 秒的眼球扫描时间，顾客浏览图片的初始注意力在很大程度上取决于直通车图片的排版。简单来说，就是我们要在这 0.5 秒的时间内吸引到购买者的注意力，以便获得购买者更多浏览时间的可能性。

知道了直通车排版的目的性，我们就应当知道，像这种急需的信息想要在较短的时间内吸引到浏览者，我们通常会运用到**意元集组**规则。

33

Tutorial is easy to understand.
这 教 程 很 容 易 理 解
EASY

The teacher wrote this tutorial will help us to progress.
老 师 写 的 这 本 教 程 将 有 助 于 我 们 进 步
HARD

The teacher wrote this tutorial will help us to progress.
老 师 写 的 这 本 教 程 将 有 助 于 我 们 进 步
EASY

意元集组就是短期记忆里一个单位信息，如一串字母、一个单词或者一系列数字（图 33）。其中的技巧，实际上就是为了适应短期记忆的限制，把信息变成数量不多的几个组。短期记忆能有效处理的组块尽可能不多于四组，最多增减各一组。比如，大多数人能把五个一组的单词记住 30 秒，却少有人能把十个一组的单词记住 30 秒。但是如果把十个单词分成几个比较小的组块（比如两组三个单词，一组四个单词），记忆起来跟五个一组的单词效果一样。

在我们简化设计时，常常会使用到意元集组的技巧。我们要做的是让顾客短暂地记住我们想要表达的信息并赢得他们更多的浏览时间，而不是让顾客毫无头绪地寻找、阅读内容的繁杂过程。在一堆类似的关键词、产品，以及尺寸大小相同的图片干扰中，顾客是无法保持注意力高度集中的，短期记忆信息能力也会削弱，这时候就要把关键信息组成“意元集组”。

简而言之，就是把许多信息、单位结合成组，使信息更容易处理和记忆。

为了更便于理解，我使用图文的形式给大家举例。

如果将右侧两幅图片做比较，那么图 34 则运用了意元集组设计技巧，把信息分别群组为两个视觉点，信息清晰易读，使顾客浏览起来比较轻松。

再来看看图 35 就有些惨不忍睹，首先文案信息排版混乱，没有视觉重心，信息不容易被浏览者短期记忆。

34

35

36

37

我们使用类似图片再来列举一个例子。

图 36 和图 37 实际上都使用了意元集组，并将文案信息分组归纳，可是人脑的短暂记忆信息能力和浏览能力是有限制的。再加上各商家竞争激烈，不仅只有你一家店铺放图片，其他店家同样会放上很多大小一样、产品类目类似的直通车图片，一系列的图片势必会给浏览者带来视觉上的干扰。前面说到浏览者也许只对你的直通车图片盯着不超过 0.5 秒的时间，所以要有节制性地针对该产品进行排版设计，像服装、食品、护肤品等着重于产品视觉性类目的产品，**文案的集组就不要超过 3 个**。

当然，并不是所有类别的产品文案集组都不要超过 3 个，一旦涉及电脑、电风扇等更着重于产品功能性类目的产品，这个时候文案的集组就可以超过 3 个，如图 38 所示的两幅图片。因为它们相比较于视觉类目

38

的产品，浏览者更希望看到产品各种性能，浏览者为了购买更适合于自己的产品会花更多的时间去查阅产品本身的功能等相关信息。

我们了解了文案排版要用到意元集组和产品图片的巧妙组合，接下来就要知道这些元素该如何表现及如何摆放的规则。

意元集组排版也是基础结构的几何图形的排列，几何图形其实也就是“面”，而面的基础是“线”，“线”的基础是“点”。相对于其他元素来说，“点”是最容易吸引人视线的。

二、点

39

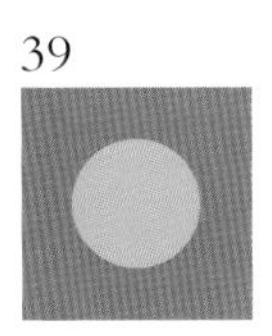

当你看到这一页的时候，尽管有很多图片的干扰，我们仍然可以一眼就看到图 39 所示的圆和方形叠加的图案，这个页面这么大，可是我们的视线还是被这个小图标吸引了过去，所以点的最大特点就是表明方位和聚焦。

只要我们在生活中细心观察，就能发现很多设计都是利用了点的指向和聚焦特性。

如图 40 所示，地铁站地图上，每个站点都使用一个圆圈作为代表，换乘站则用一个大圆表示，无论是大圆还是小圆，圆形的定位和聚焦特性能够更加引起人们的注意力。

40

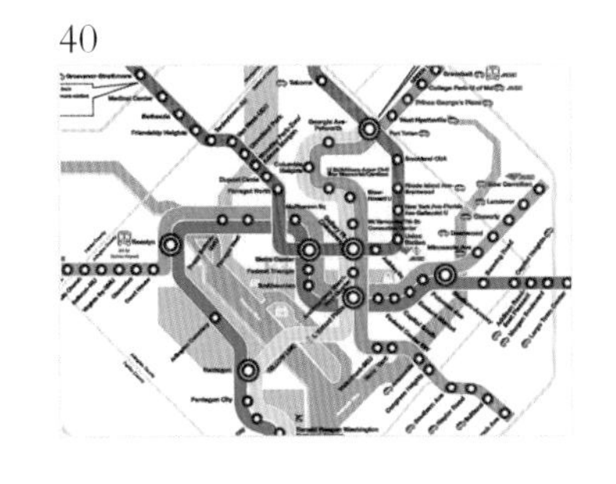

41

很多企业使用圆形的 LOGO 形态作为标识（图 41）。这样就可以让你的目光在更短时间内聚焦到 LOGO 上来，汽车的圆形图标用途则更为广泛，在马路上疾驰而过的汽车我们只能通过圆形车标的迅速聚焦作为一个点引入我们的视觉重心，才可以轻松辨识出该车的品牌。

所以，直通车图片中的重要信息可以使用点的形式，也就是信息＋点＝第一或第二视觉。

三、线

在几何学上，线是没有粗细的，只有长度和方向，但是在构图中是有宽窄粗细的。线与点在强调定位与聚焦不同，线则强调方向和外形。直线具有力度感，稳重而正式。曲线具有女性化的特点，柔软而优雅。

线是最富表现力的视觉形态，这种简洁明了的延伸方式最能够深入人心。它又是情绪化和表现力的视觉元素，有着导向和界限的功能，容易让我们联想到分割线、地平线等大自然要素。

42

43

如图 42 所示，直线给人的感觉是正式、官方。比如毕业证书、数码产品说明书、奖状等形状都以直线为主，显得庄严、正式。

如图 43 所示，曲线给人的感觉是优美、柔和。比如女性曼妙的身姿、花瓣的形状、音乐符等优雅而又美妙的曲线形状，一个女性如果是烫的卷发会比她拉成直发给人的感觉更加温柔些。

在直通车图片中，我们可以用直线做官方说明，比如“销量第一”“×× 号截止”等，用直线的元素给人感觉比较正式。当然，直线并不是一定会作为第一元素，在图片中产品面积所占比例及颜色的搭配也能演变为图片的第一视觉，第一视觉或第二视觉的把握主要取决于你对该产品的认识程度。

目前我们就能更进一步得到这样的排版，至于 LOGO 定位是淘宝官方的位置，在没有特殊要求的情况下建议不要改动，现代人的习惯视觉很难被改变，一旦习惯了 LOGO 位置在左上角，如果换到其他位置会让人觉得非官方。如图 44 所示，中线的位置是第一视觉，圆点是第二视觉，决定因素同时还受到现代人阅读习惯（从左到右、从上到下）的影响。在确定好第一视觉、第二视觉之后，右图绿色空白部分就是让设计师摆放产品和背景图的。

44

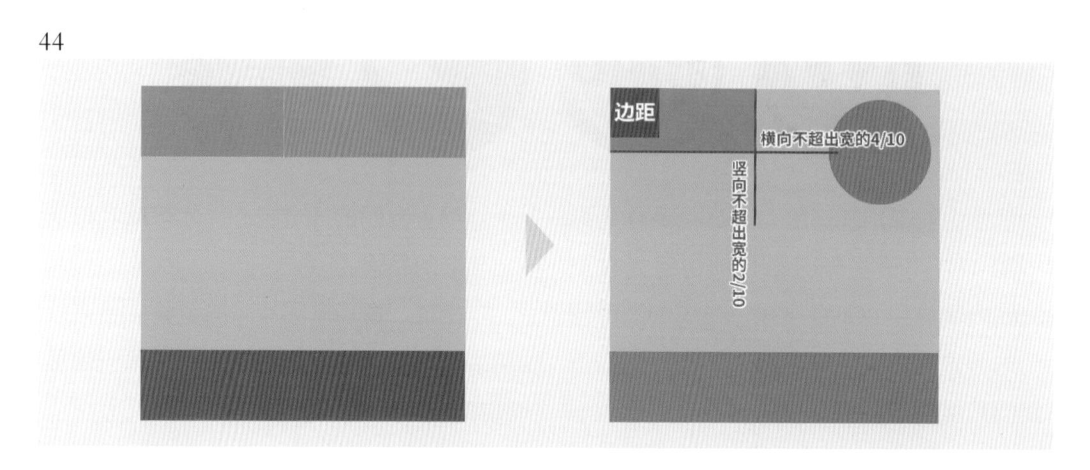

当我们对排版这部分有所了解并掌握相关技能后，接下来我们分析下下关于内容里面文字和图片的领域。

四、字体

Ⅰ - 字体风格

字体风格就是字体本身所附带的气质和特征。它不同于单个字笔画的表现特点，而是所有这种字体都应有的特点，比如，黑体字就是笔画等宽、方头，结字端正；而宋体就是横较细、竖较粗，端庄而典雅。

另外，字体字形的体势给人带来的感觉也是字体风格的一方面，比如斜体，给人的感觉更富动感；还有衬线字体单词末尾的装饰也算是字体风格的内容（图 45）。

45

我是黑体　我是宋体

italic（斜体）　Serif（衬线）

字体风格能体现出来的是一种情感表达，不同的字体表达效果各异，在设计直通车图片过程中，我们寻求最适合自己产品或内容字体，能更好地表达图片所诉求的情感。

在直通车图片里，我们常见到的风格是**庄严、正式、古典和轻柔**，我将四种不同字体放到相同图片背景里（图 46），大家感受下不同的字体给人带来什么样的气质。

46

Ⅱ - 字体选择

❶ 中文选择

我们在选择字体时要有讲究，如果是新手或者对电商不太熟悉的朋友，建议中文字体选择方正兰亭系列。

方正兰亭黑与著名的微软雅黑是出自同源，它是国内唯一一套为屏幕设计，并由此衍生出的家庭系列字体，也是迄今为止在个人电脑上显示效果最清晰的中文字体，目前已被微软的 Windows、苹果的 IOS、三星手机、小米手机、华为手机、汉王电纸书、E 人一本平板电脑等大众熟知的产品选为系统专用中文字体。该字体曾获“亚洲最具影响力大奖”铜奖，是至今为止最庞大的中文字体家族。也就是说方正兰亭黑的字库最全，不会出现字体缺少的情况。同时，方正兰亭系列也通常是淘宝官方对商家活动报名等图片要求的字体。

❷ 英文选择

直通车图片中，如果遇到重要的数字需要给顾客呈现，我建议数字字体选择 **impact**。

impact 的英文字体是由 Windows 系统自带的字体，它的特点是等线粗，较一般字体更为狭长，识别性也比较强。如果是非重要元素中的数字，如“市场价：¥589 元”，就可以采用方正兰亭黑简体而不是 impact，相反，如果是需要特别突出的数字，如“活动价：**¥150** 元”，这个时候你就可以使用 impact 字体让它更为醒目了。

在直通车图片中字体的识别性及重要性，除了让顾客阅读信息外，还有就是他为整体图片塑造自有的品牌风格。

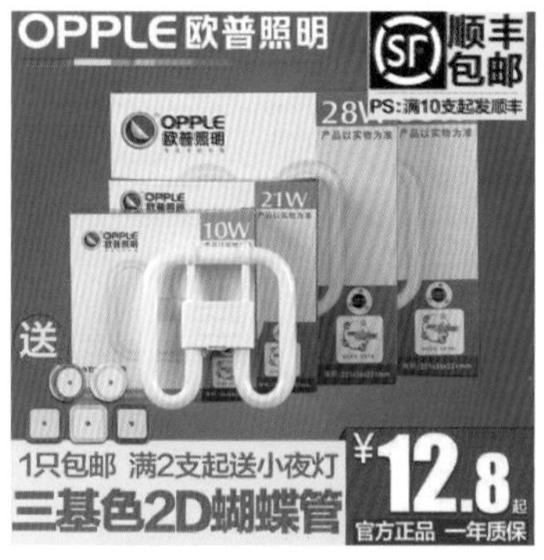

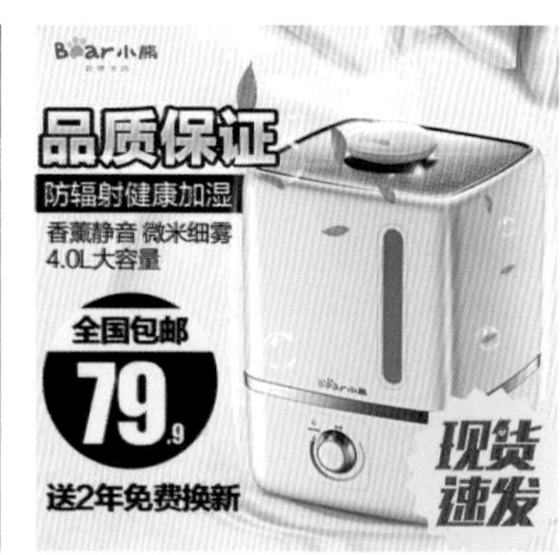

直通车图片中字号的选择是根据功能的需要而制定的，字号越大给浏览者的视觉冲击力越强，字号较大的字体一般用于标题或其他需要强调的地方。小号字体整体性强，页面易产生多个中心，缺乏美感和主次关系，一旦顾客观看图片时间略长，就易产生视觉疲劳。最适合于放置网页的字体大小为 12 ～ 14px（由于现在电脑显示器的屏幕增大，分辨率的提高，很多时候 1 920×1 080px 的屏幕默认的字号大小是 16px），如果一张图片的文案内容过多，那么字号可调整到 10.5px 大小，当然具体还得看图片中产品和文字所占比重大小，在设计领域里有基本的规范但没有绝对的教条。

直通车推广图片本身侧重于视觉传达，可能你的直通车在浏览者面前只能展现 0.5 秒。直通车图片原本要求的尺寸达到 800×800px 以上，但实际展现的尺寸大小是 250*250px，所以在有限的展现时间和空间下，最小保持 12px 以上的字号才能被顾客注意到里面的文案内容，所以设置字号应在 12px 以上。如果是要设计一幅 800×800px 的直通车图片，所用到的字号应该是在 36px 以上。

下面我将图 48 和图 49 在同一场景不同尺寸的两幅图做分解说明，大家看后就应该能够明白其中字号的大小设置规范了。

49

48

Ⅲ - 颜色选取

❶ 自然吸取

艺术源于生活，生活源于自然。我们总是爱着一切美好的东西或者让人垂涎欲滴的物品。从这些自然事物里提取你喜欢的颜色，会让你的设计更有亲和力，也将自然元素融合到你的作品中去，自然的色彩也会让我们大家毫无抵触情绪而欣然接受，这是来自于大自然的无穷力量。打个比方，你准备设计一张以电风扇为主题的直通车图片，如果你的定位是想要给人一种开阔、清新的感觉，那么就可以选取蓝天白云作为主元素（图 50），蓝色的冷色调给人一种清凉的感觉，寓意着该电风扇能给人带来非同寻常的凉爽感受。

50

只要我们善于观察大自然，捕捉每一个美丽的瞬间，我们就能在大自然的世界里吸取到无与伦比的美丽色彩（图 51）。

51

❷ 产品吸取

如果客户明确规定了要以产品 VI 色系进行配色，这个时候就可以对产品包装或者产品 LOGO 的色系进行抽取调配，因为这样的配色方式是相对比较安全且实用的，下面列举以产品包装色系为例对直通车图片进行配色的例子（图 52）。

52

也就是说，当我们不知道该如何配色的时候，可以多参考一些关于该产品的 VI 色系及包装设计，毕竟这些元素就是该产品的直接映射。

本小节是给大家讲解关于直通车图文排版的三个方面，即排版、内容及颜色，最后，我再用图注的形式给大家展示一下规范的直通车表现形式。

以标准的直通车产品图尺寸 800×800px 为例进行演示（图 53）。

53

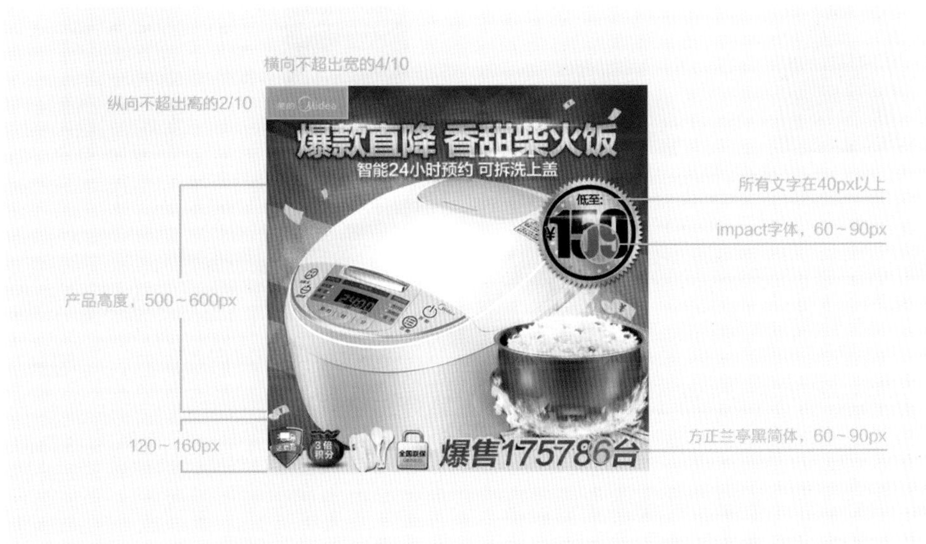

06 店铺直通车

与产品直通车相比，店铺直通车就要简单得多，它的组成部分和构造形式也更易掌握。下面我用几幅大家常见到的店铺直通车类似图片进行分析说明（图 54）。

54

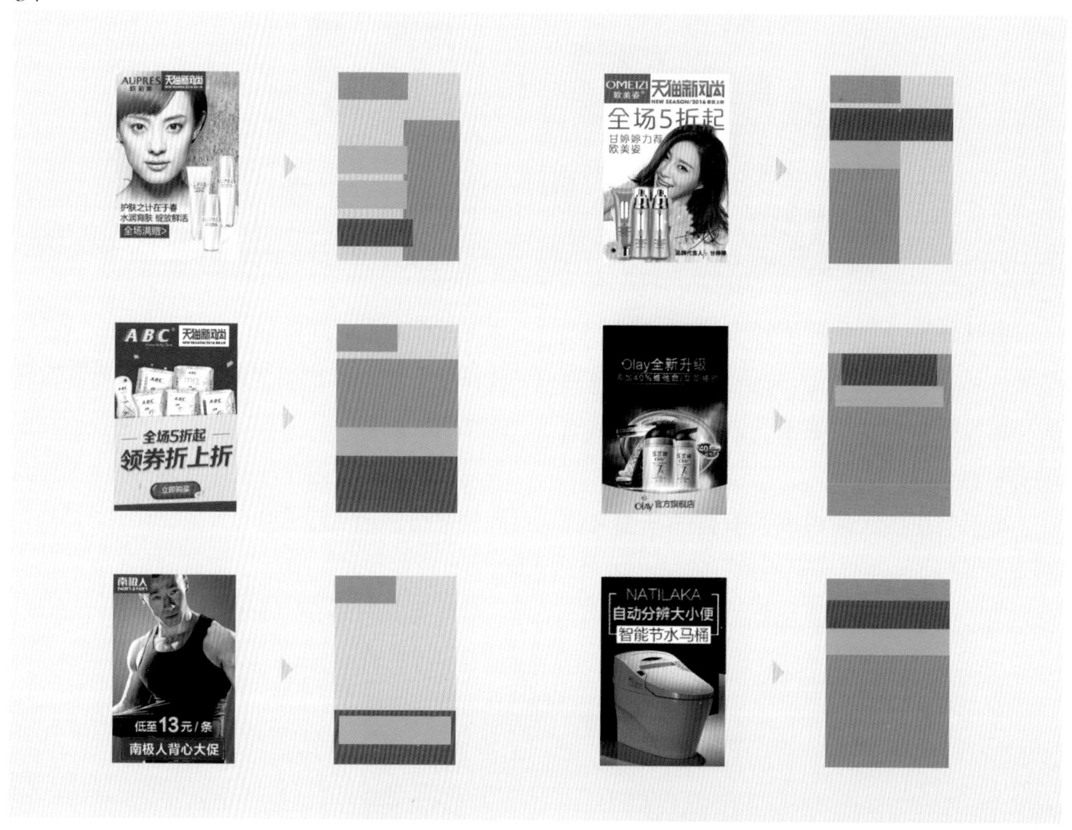

橘红色，一般放于画面左上角。这块区域你可以摆放：

❶ 产品品牌

❷ 店铺服务，如电器城三包服务

❸ 物流服务，如某快递包邮服务

大红色，一般放于画面中下侧，这是画面的关键部位，你可以在这块区域摆放：

❶ 产品促销信息（包括活动、打折、包邮、降价等营销型关键词）

❷ 产品本身的价格

❸ 产品卖点（包括产品功能及赠品）

蓝色，产品展示区，一般放于中间较醒目位置。

绿色，一般紧挨着促销信息等关键部位，这块区域可以摆放：

❶ 产品的性能

❷ 促销广告语

灰色，背景区域。

优秀店铺直通车案例（图 55）：

55

总的来说，店铺直通车并不需要设计得太复杂、太啰唆，以下列出几点店铺直通车的设计技巧：

❶ 巧用以上 6 种店铺直通车布局分布，虽然它们的版式是固定不变的，但是由于你的创意、素材和功力不同，所设计出来的效果也会截然不同。

❷ 当你的店铺价格没有优势时，可以考虑换一种表达方式，比如“全国全场包邮”“2 折限期断货”等营销性词语。

❸ 店铺直通车产品的选取，一般选取店铺首页主推款产品，或是店铺明星款（转化率高）的产品。

❹ 不要仅局限于以上 6 种固定版式，可以自己稍微地将版式改动重组，即可成为你的专属设计样式了。

❺ 店铺直通车背景设计不要过于复杂，最好以纯色背景或者是简洁的实景为主，只有简洁的背景才能够更突出产品。

后期提升

概述：

上一节讲了关于直通车图片的设计理念及规范应用，本节主要针对一些比较典型的直通车图片进行分析归类，然后讲解设计师可以从哪些方面提高图片吸引力以满足顾客的视觉享受。

01 分类设计

我们除了要掌握好排版的技巧以外，在遇到不同的商品类目时，一定要先弄清楚它们的需求方向，然后再了解该商品并分析同类目的竞品；做好了前期的准备之后，再有针对性地突出产品的某个优势特点，并掩盖其不足，提升产品的点击率和转化率。

一、品牌、品质高端类目商品

56

为什么高端，因为对自身的产品自信。商品本身就具有独特的风格及特点，所以在设计高端类目的商品时，我们需要弱化与文案相关的设计，用尽可能大的空间来展示商品并大部分留白（图 56）。

二、形象类目商品

57

此类商品主要是产品本身形象和商品价格（如服饰、鞋子、配饰等，顾客更关心的是商品的款式和价格），尽可能真实、完整地展现商品本身，可以通过不同角度及合理色彩搭配来烘托商品特点。文字设计要求简洁易懂，无须过多修饰（图 57）。

三、功能类商品

58

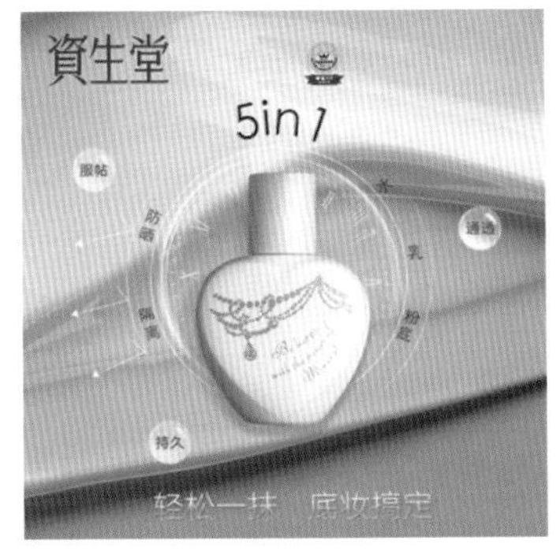

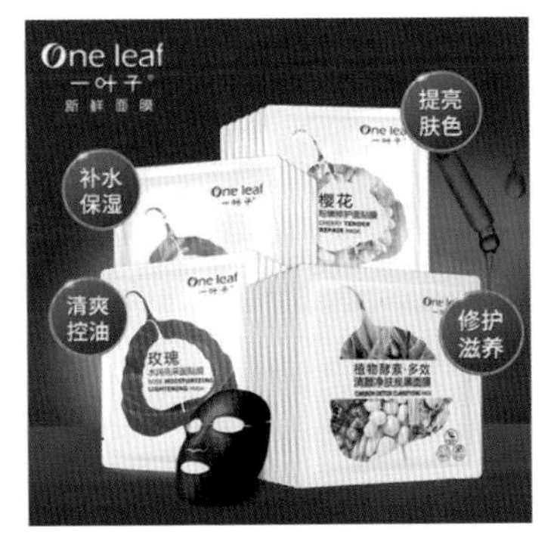

功能类商品当然要突出其功能，这类直通车文案可能会很多，所以大家要注意文案排版的美感。当我们在对文案进行排版的时候，要做到文案排列自然有序（文案排列是有一定的规则及次序，并非随意摆放）、有层次（文案主次分明）。同时要注意背景的设计，为了烘托出产品功效，往往背景都要与之呼应，将该气氛以较夸张的形式表现出来（图 58）。

如果你想过多地突出该商品的功能性，往往效果会适得其反，因为文字太多、排版层次不清晰、毫无规律，会让人不知该从何开始阅读，也分不清该直通车的主次关系。

如图 59 所示，由于商家想表达的内容太多，使得整幅画面散乱，没有主次之分，让用户不知从何开始看起。如果采用有规律、有次序的排版方式，买家一瞬间即可看完整体文案结构，才有兴趣继续研究该直通车的主要功能，因此，在追求视觉效果的前提下更要注重用户的体验感受，我们设计任何项目都要站在用户的角度去分析考虑问题，你自己都不愿意去看的东西人家何尝有心情去阅读。

四、促销、活动类商品

每到逢年过节，想必大家逛商城的时候都有同样的感受：热闹、喜庆。设计过促销类商品的设计师很清楚在做这类题材的时候，首先在用色上，选用的是喜庆的促销色，比如红色、紫色和黄色，当然会是偏暖的色彩更多（图 60）。同时，为了烘托促销气氛，就要相应添加活动氛围的喜庆元素，比如红包、金元宝、彩纸等。在文案设计方面，相比于其他分类的直通车，文字应设计得更加厚重、突出和吸睛。

59

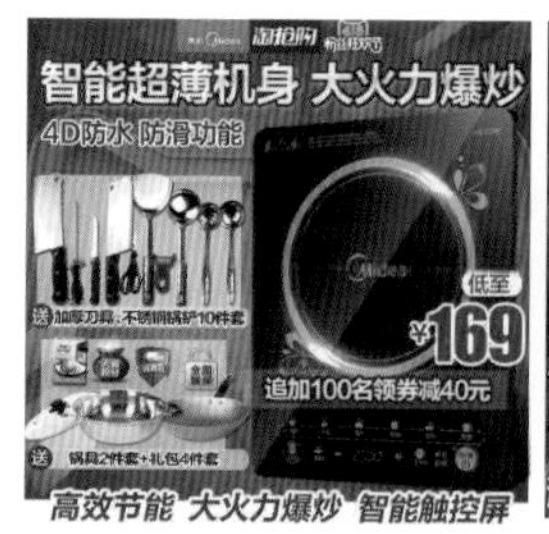

60

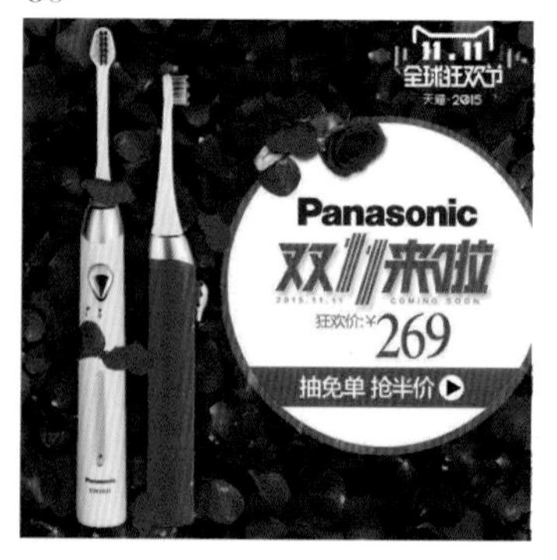

02 提高图片吸引力

用户在浏览商城的时候，更是愿意看到一些富于创意性或者是给我们心灵带来美好感受的设计作品，总之是想要看到超脱于以前习以为常并且是美好的事物。这些吸睛的加分项，不仅考验设计师的设计能力，而且也考验设计师对生活的了解和热爱。平时热爱生活与细节的设计师，在图片吸引力创建方面势必会发挥得更好，所以我们广大设计师除了在你的工作领域埋头苦干之外，也要走出去聆听自然的声音，偶然从树上飘下的落叶也许就是你下一个创意灵感点。

一、创意合成图片设计

61

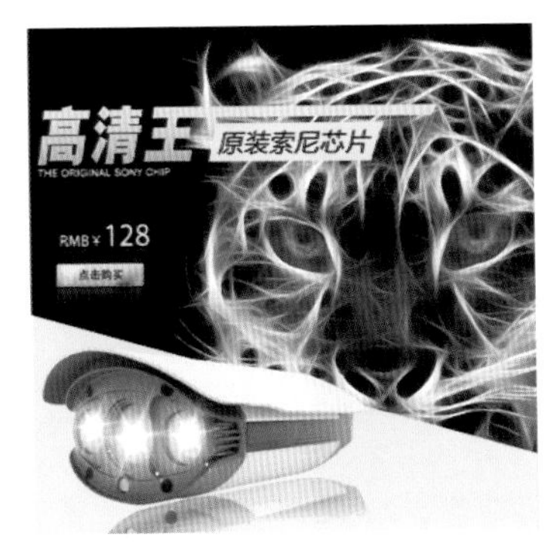

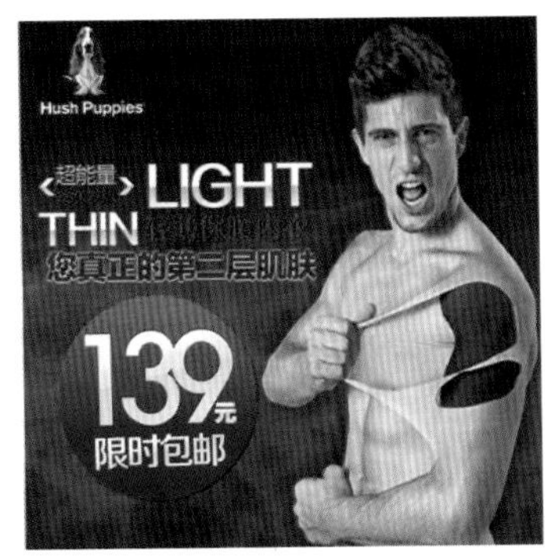

我们要让一件商品变得有趣，可以通过夸张、拟人的手法来突出商品的某个卖点。创意合成非常考验设计师的阅历经验和合成技巧，因为首先你要有好的想法，并且要完美地贴合文案主题，在打开创意思路之后，还要有非常娴熟的合成技巧，否则你的想法再好也执行不下去一幅好作品。因此，创意合成图片设计的含金量非常高，做好它，会给用户创造深刻印象，从而点击进去详细阅读，最终达到品牌营销效果（图 61）。

二、意境、氛围、情景模式

62

我们天生就对美好的事物产生极大的兴趣，你可以通过一个画面表达一种意境或者一则情感故事，它或是唯美清新，或是百花环绕，抑或是威武霸气。你可以通过对比的手法，突出商品的形态及它的功能性。这种通过周围气氛来烘托商品的设计模式，其中涉及了光影、色彩及虚实关系等许多复杂的设计要素，因此对于新手来说操作起来要求实在有些过高，需要深厚的合成功底。大家可以去观看一些讲解合成的例子，看人家是如何一步步将不同的素材合并到一起，最后是如何将整个环境色调设置统一，让人看起来毫无破绽（图 62）。

三、应季色彩、元素

63

我们在设计直通车的时候，运用的色彩和素材等元素不一定要用类目的颜色或元素。自己可以尝试使用一些随季节变化的色调，比如春天可以使用春意盎然的绿色，而冬天可以使用冰蓝色寓意着寒冷的气温。这样不仅可以看到产品与不同颜色、风格搭配的多样性，而且还能展现它的与众不同（图 63）。

四、放大商品、拉近距离

64

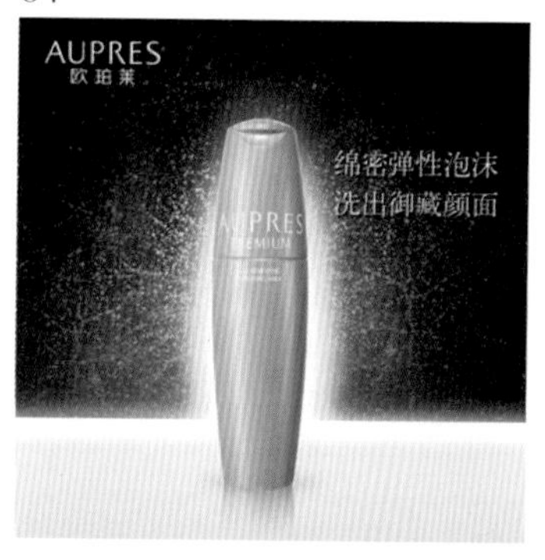

在恰当的情况下，拉近商品与眼睛的距离（近大远小），让产品更有质感、更真实，同时也让版面丰满、整洁，从而更具视觉冲击力（图 64）。

五、网络热词、表情、隐喻、电影等

我们可以通过时下非常流行的网络段子，或者是比较有创新思维的用语打动消费者（图 65），此类设计因为用词比较新颖，所以用色、排版则一般采用较活泼的表现形式，甚至夸张一些也行，使用图文结合的表现形式更好。因为重点在文案，所以主要文字的层次要求清晰、明了，但也不能过于弱化商品，只是一个相对的强弱比较。

65

六、眼神交融

66

当一个人的眼神盯着你看时，你很难控制住自己的情绪不去回看一眼。直通车图片也是同样的道理（图 66），我们放置一个模特正面相，她 / 他的眼神正好与用户的眼睛交融时，用户会不经意地去看这块是放置什么样的内容，如果感兴趣就进一步点击查看。

七、强调感情

67

通过人物的面部表情特征来吸引用户的注意力（图 67）。当然要注意电商规则，如果使用的图片涉及侵权或者违法，遭到投诉后，必定会受到严厉惩罚。

以上 7 种类型是我们为了提高电商图片点击率而使用的几种惯用手法。当然，在得到设计需求时，先分析该商品是面向哪个种类的用户，在什么情形下使用什么样的设计方式最易于被该类别用户接受，所以要通过长期设计训练从而不断进步。一旦得知设计需求时，脑中立刻就浮现出一个虚拟画面，这说明你对该项目的认识比较透彻，接下来就是该如何将该项目完美地执行下去。

直通车细节注意事项

概述：

前面三节主要是介绍直通车的作用及一些有利于直通车巧妙的设计手法。本节将为大家介绍一些平时不太注意到的直通车细节性问题，可以避免去触犯一些不必要的错误。

一、直通车图片的上线规则

参加活动的掌柜建议宝贝图片改为白底，那么必须将图片设计为无边框、无水印、无细节图，并且必须居中，否则将不予上线展示。

二、主题明确

图片主题明确。凡是报名参加活动的宝贝，允许有其他物品作为陪衬，扮演绿叶角色。但是陪衬物品不能掩盖宝贝主题，否则将不予上线展示。

三、明确肖像权范畴

在未有明星代言的产品，将要上架的宝贝不能出现某位明星或者与该明星代言时穿着同款衣物的拍摄图片，否则将不予上线展示。

四、电商相关发布规则

内衣、内裤之类的宝贝图片可以真人穿着向大众用户展示，但是图片必须符合电商平台的发布规则，否则将不予上线展示。

chapter 5 / 第五章

第五章

海报设计

第一节 海报设计需要的三大元素

01 商品设计

02 文案设计

03 背景设计

第二节 设计思路

01 沟通与整理归类

02 拓展思路

03 绘制草图

04 打造场景

第三节 海报需注意的几点

01 图案图形节奏感

02 给画面增添气氛

03 分割背景 活跃场景

04 背景色的合理搭配

海报设计需要的三大元素

概述：

我们看到一些漂亮的海报，特别是对于刚入行的新手，总希望自己也能高效地设计出能吸引人眼球的网店海报图。现在我们就来厘清一下思路，讲解如何快速地走进设计之路——从分析解读高手们的设计作品开始自己的设计生涯，这就是你入行电商设计的一条捷径。

为什么说从分析解读高手们的设计作品开始自己的设计生涯呢？我们先了解一个好的设计作品是如何构成的，去分析我们入这一行需要走的路有哪些。一张好的海报设计应该由三大元素构成，即商品、背景、文案。

01 商品设计

一、商品清晰度

商品就是你要围绕着它为主题来设计的东西，它是整个设计的主心骨，这是最能吸引眼球并引导客户决定购物的第一大要素。首先，商品包括主商品、次商品及模特。我们在设计商品的时候，一定要注意商品的清晰度，模糊的商品对于广告整体的品质感大打折扣，因此我们在设计海报的时候，首先要寻找清晰度高的图片，而且可以适当增加一下图片的锐度，这个也是京东等众多电商平台的常规做法。我们以下面图片为例来分析说明。

1

2

3

4

从图 1 ～图 4 中可以得出，一张不清晰的图片是无法打动人心的。如果遇到一些清晰度不是很高的图片，模糊照片处理的方法非常多，对于一些轮廓损坏不是很多的图片，采用 USM 锐化处理是比较快的。锐化可以通过锐化通道或者直接对原图锐化。接下来我给大家介绍一种最简便又很实用的锐化图片处理方法。

5

① 打开原图

6

② 按【CTRL+J】组合键创建副本。对副本模式选择“明度”。

7

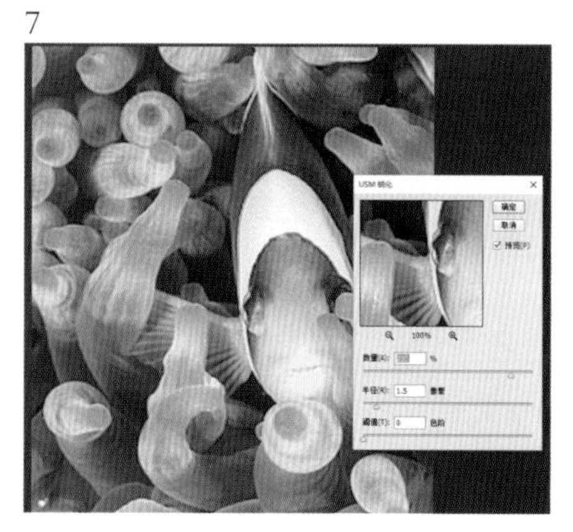

③ 选择“滤镜”菜单下的“锐化 –USM 锐化”命令，在设置窗口中适当调节一下锐化参数，根据你原图模糊的情况来调节，本图采用锐化数量为“255%”，半径是“1”像素，阈值不变。

8

④ 经过前三步，为照片清晰效果大致做了基础。接着选择“图像”菜单下的“模式—LAB 颜色”命令，在弹出的窗口中选择“拼合”图层确定。

11

⑦ 返回图层面板，把副本图层的模式修改为“柔光”，调节透明度为 30%。看看此时的图像不仅画面更清晰，而且色彩也更加绚丽了。（这步可根据自己的照片情况增删。）

9

⑤ 在 LAB 模式下，再创建副本。

10

⑥ 在“通道”面板中看到图层通道上有了“明度”通道，选择这个通道，再选择“滤镜”菜单的“锐化 –USM 锐化”命令，设置好锐化参数将这个通道锐化处理。

通过以上 7 个步骤，我们就能将一张不清晰的图片处理得清晰而又色彩鲜艳。此外还有很多锐化图片的方法，但无论再怎么处理，都不如你拍出一张高清晰度的图片那样美观，所以在选材的时候请大家多花时间收集素材，素材收集得越多，你的工作效率才会变得更高，做出来的作品才会更打动人。

二、商品展示角度

我们在选择商品图片的时候，总是喜欢“创新”，奇发异想，可并不是什么行业都可以做到突发奇想的。以一张鞋的图片来举例说明。

运动鞋在广告图里出现的角度，永远都是这个正侧面（图 12），那是因为经过大家长期的总结验证，这个角度最容易辨认产品的本身和最佳视觉效果，所以不要为了创新而突发奇想，从而选择一个别人从来没有使用过的角度来设计广告图。图 13 所示为反面例子。

我们在设计商品的时候，应该注意什么是标类产品和非标类产品，标类产品就是外观尽量完整、轮廓清晰、美观；非标类产品则是展示产品的使用环境、真实、有代入感。商品在不同的场合应该选用恰当合适的类别。

12

我们看到无论是什么品牌的运动鞋广告，几乎无一例外都是这个正侧面，因为人们已经熟悉了从这个角度去观看运动鞋，我们做产品设计，很多时候需要从大众的角度去思考问题，毕竟我们是卖给大众而不是做给自己看。

13

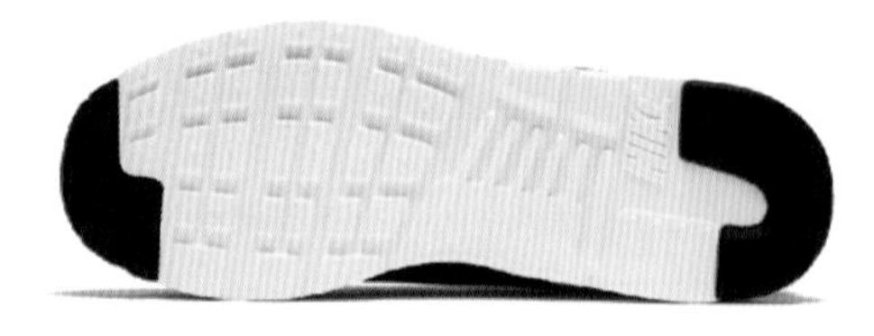

如果换成俯拍或者仰拍运动鞋，我们就看不出它的美感，也不会对它有爱慕之意，这样一来，能够下单购买的人更是少之又少，所以我们在选择拍摄商品角度的时候，一定要站在消费者的角度去思考问题，才能帮助我们网店销量的增长。

三、商品抠图处理

14

还有，我们在寻找商品的时候，一定要注意抠图问题，如果我们对一张图片里的人物使用 Photoshop 软件进行抠图，尽可能地使用魔棒和钢笔工具相结合的方式，因为作为一名专业的设计师，就要使用专业的方法来处理问题。在通过魔棒工具大致选取了图形范围之后建立蒙版，之后就需要使用钢笔工具对细部进行勾勒处理，使用钢笔勾勒线条（图 14）。

只要你掌握使用钢笔路径工具，你就会觉得这是一个既精准又规范的绘制工具。

02 文案设计

我们在设计文案的时候，要注意两个设计技巧，即视觉清晰度和逻辑清晰度。

一、视觉清晰度

我们在设计海报的时候，要时刻把握好图片的清晰度，产品清晰、文案清晰及背景简洁，这样才能更好地将信息传达给消费者（图 15）。

15

浅灰色背景

产品展示

文案设计

这是一幅文案与图片搭配很好的海报设计，消费者能清晰地分辨出文案和产品的关系。因此，这是一个很好的海报设计案例。

产品展示

文案设计

尽管是把海报变为黑白两色，但是一幅好的海报设计作品仍然可以让我们一眼分辨出产品和文案的区别。

通过以上两张图的举例，我们可以得出结论：一幅好的海报设计作品，无论是否有色彩修饰，文案与产品都是很清晰明了的，文案一定要和背景拉开明度的距离，否则会影响消费者的阅读。接下来再举个例子。

16

由于该张海报的背景比较复杂，颜色又过于丰富，无论使用什么样的颜色，文字也无法很清晰地在背景中呈现出来，因此设计师就在背景上面巧妙地增加了一块白底板，以分隔开背景和文案的视觉效果。

就算是将海报调整为黑白两色，我们仍可以很清晰地看到文案与背景层的关系，所以我们在设计海报的时候，应该区分好明度、饱和度及色相间的关系，考虑得越充分，你的作品就越精美。

如图 16 所示，因为文案的明度和背景的墙壁差距不明显，所以设计师在两者的中间建立了另一个背景，即白色背景框，这样就阻断了背景墙的干扰，让文案非常清晰。这样一来，文案与背景的明度拉开了距离，那么阅读海报则无障碍。

在背景非常复杂的时候，如何能让文案和背景拉开距离呢？有以下几种方法可供参考：（1）在文案所在处的背景加工明度。（2）文案描边。（3）文案投影。（4）文案字体加大。（5）新建一个背景层隔开。（6）精炼文字。（7）色系差异。（8）其他。

文案的字数多少也决定了点击率的高低。依据腾讯团队做的大数据分析，标题文案不宜超过 8 个字，若超过这个字数，该广告点击率越低（图 17）。

17

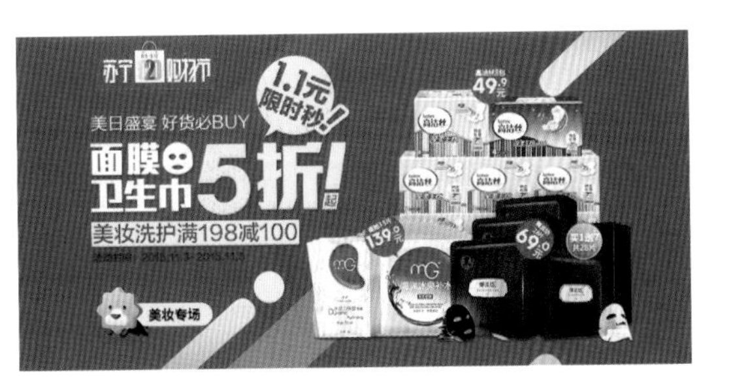

我们通过对以上两张图的文案分析，在其他活动条件相同的情况下，左图的点击量会比右图更高。文案数量基本上和设计原则一样，少就是多，即“less is more”。越是想要讲得多，得到的就越少。

我们再来欣赏几张优质海报设计（图 18）。

18

二、逻辑清晰度

一个符合人类内心欲望的文案，往往更容易驱动人类的行为。海报的文案大致分为以下几点。

从众：已卖出 10 000 件。

好奇：神奇面膜。

利益：错过等一年，全场 3 折仅一天。

恐惧：消灭你家中 99% 的细菌。

自我：这个表有点贵，但是很帅。

幽默：老板不在，全场乱卖。

其实网络潮流用语在电商上还是很受用的，如任性、醉了、流弊、100 块都不给我等。

那些新春特卖、型男必备、春游必备、2015 新款上架这些老掉牙的广告语，都是

19

20

21

22

23

一些懒惰的运营商写的。

图文不符或者表达不清晰的文案，都会让人望而却步。下面以几张让人含混不清的海报图片设计进行举例说明。

如图 19 所示，电器 1.1 元？还是红包 1.1 元？ 文案和产品图片没有任何联系。

如图 20 所示，明明写的是年货，却给人展示的是女性化妆品。点进去后看到的真是化妆品专场， 但是为何说成是聚年货。

如图 21 所示，谁知道这是在卖什么？ 大家一头雾水。

三、接地气的文案

接地气的文案更能击中消费者的需求，即真正的好文案，会击中你内心最薄弱的那层需求点。

如图 22 所示，每个人都想尝尝初恋的味道。

如图 23 所示，你知道你不是第一个，但你真会介意吗?

03 背景设计

24

背景层是用于烘托活动气氛的，该图只有中背景和后背景。

25

通过图层分解，我们能够很明显地看到一张海报图仅由背景、文案和产品构成，这三要素共同组合成了一张海报。

背景层设计分为后背景、中背景及前背景。每张广告图必定会有后背景，主要是完成风格层面的意义（图 24）。

从图 25 中可以看到，后背景和中背景决定了“双十一”的活动气氛，给海报定了一个热闹鲜明的活动主题。下面以图 26 进行举例，清晰地分割出后背景、中背景及文案层所处的位置。

因此，我们在设计海报的时候，文案层、产品层及背景层都要清楚地分开，信息繁多但不能杂乱。

总结：

任何一张商业海报，都是以信息传达为基础目标！然而一张优秀的海报图，应该可以非常快速地、精确地、深刻地捕捉到用户的眼球并进入大脑，所以有规律、有技巧并高效地执行一张海报图设计，是一名合格设计师应做到的。没有营销意识的设计师不是好设计师。艺术家在表达自我，而设计师都是在卖，卖产品、卖形象、卖自己。所以，做一名电商设计师，时刻需要考虑的是如何把东西卖出去，而不是怎么设计得更自我一些。

设计思路

01 沟通与整理归类

我们在做设计之前，很多时候会与客户进行面对面地沟通，沟通表面上来看是浪费作图的时间，实际上则是为了让工作更加高效。

26

我们在设计过程中总会遇到各种不同类型的客户，他们有各自的喜好和标准，我们只有足够了解他们对该任务的需求后，才能设计出令客户满意的作品。

下面简单地给大家介绍一下，作为一名电商设计师应如何与客户进行有效的沟通。

27

一、如何与客户进行有效的沟通

在准备去见客户之前，务必仔细研究该公司的背景资料，从事的产品、规模，大致了解一下同行业的情况。这样在谈话中可以比较准确地击中客户关切的部分，也可以让客户了解到自己对这个行业的经验和专长，会较有针对性。比如，在此行业中你已做过一个很好的网店，那么可以讲讲当时的情况和过程，解决了什么问题，最后结果如何，有成熟的案例也可以提供给客户浏览，很多时候，一幅好的作品能够瞬间打动你的潜在客户。所以要耐心地和客户进行有效的沟通，沟通甚至能够占到设计作品所花费30%～50%的工作时间。

面对客户关于行业经验的询问，我一般会实话实说，然后问：“您觉得行业经验对我们这次项目的影响是？”选设计师，客户关键在于看以往的作品水准，设计者的态度、是否好学、是否深入了解行业。行业经验是至关重要的，那么找这个行业里设计得最好的那家设计公司即可。张艺谋在2008年之前没有策划过奥运会。只要你充分证实了自己的实力，了解这个行业的信心和行动，相信这个问题不会成为问题。因此，你的每一幅作品都应该保存下来，过一段时间重新翻开查看里面的问题，不断地总结自己设计得不够好的经验教训，时刻提升自己的设计水平和设计素养，你进步了，设计的单子会更加高端，收入也会成倍增长。

二、整理归类

28

效果
投放点
案例
结合元素
刨根问底
模特与商品
要什么风格
更多……

在整理文件的时候，应该尽可能多地结合与之前客户沟通得出来的信息进行收集整理，整理的内容越多，信息量越大，做出来的海报才越丰富。

整理，一个似乎和设计关系不大的行为，与设计师的创新精神相比，它总给人较为消极的印象。而且很多设计师也认为，整理纯粹是体力劳动的事情，设计则是与之相反需依靠脑力完成的创意工作。

然而事实绝非如此，通过整理，我们能找到事物的本质，发现全新的观点，看到一些深藏于表面的事物；通过整理，我们视野里的问题会变得越来越清晰，并且获得更多积极的发现；通过整理，我们能够获得更多的灵感，碰撞出更多优秀的设计火花。

回到现实工作中来，网店设计和标识设计应该区别对待，网店设计从来都不是从零开始的，只有在认清用户最终目的，应用根本任务的基础上，才能找到问题关键点，切中要害进行方案设计创新。

以前我也对整理有些不屑，但回过头来看自己做过的项目，发现“整理”和“设计”在解决问题时的思路是一致的。厘清杂乱线索 → 找到问题源头 → 提出切实方案。当设计方案切中问题根本后，就能让利益相关者满意，这样可以有效地推进方案的实现。

如果想进一步学习文件整理归纳，阅读《佐藤可士和的超整理术》本书（图 29）将会对你有所帮助。

接下来介绍一些优秀的网站，大家可以去这些网站收集素材以获得更多的设计上的灵感（图 30）。

29

30

时尚、潮流、服装

Chanel、dior、prada、D&G、gucci、Armani等等

素材网站

500px、wallhaven、昵图、素材中国、花瓣

网页配色

pinterest、peise、kuler、中国色彩大辞典、materialpalette

设计教程

SDC优秀网页设计、psd爱好者、站酷

酷站集合

behance、dribbble、68design

02 拓展思路

网店的设计水平、设计者的素质和职业技能，决定了该店产品的定位和反响。好的设计源于好的创意，好的创意来自好的灵感，而好的灵感出自好的设计者。是好的设计者创作出好的作品，还是好的作品成就好的设计者？其实，这无关紧要，人的性格不同、经历不同、角度不同、出发点不同，思维方式也不同，所做的东西就不同；但有一点可

31

以肯定：一个优秀的设计者，必须有丰富的想象力、敏感的洞察力、大胆的尝试。

我们若要以世界杯为主题设计一张海报，你的脑海中就不能只有一两种设计方案。我们要尽可能地给自己拓展设计思路，想到多套能够打动人的设计方案。下面用几套优秀的世界杯案例进行举例，期望大家通过更多富于创意的思路去看待世界杯。

通过图 31 所示的举例，我们能看出来世界杯的表现方式有多种，有星光闪耀的荣誉风格，有较萌的卡通风格，还有只有静物的简洁风格。我们只有拓展思路，脑海中有了多套设计方案，创意思维才不会枯竭，给人展现出来的海报样式才会更加高端、动人。

03 绘制草图

32

主标题
副标题
产品
模特
产品

大部分初学设计的人员在设计海报的时候，都习惯于将一些零乱的素材东拼西凑后随意放于一张画面里，给人的感觉是凌乱不堪。我们首先应根据需求来绘制草图（图32），在页面中对主标题、副标题、产品、模特、背景等元素进行区域划分。

接下来，我将一些设计案例还原成草图，增强大家对草图的认知程度，如图 33 ～图 36 所示。

33

→

34

→

35

→

36

→

通过将以上几张图片转换为框架图的演示过程，我们可以分析得出一幅海报实际上就是由标题和产品为主要组成部分。首先设计出一张草图，然后就可以从草图评判出整个页面构图是否合理，如果不是很合理就可以继续调整框架直到构图合理再进行下一步的细节设计。

04 打造场景

37

以世界杯为主题的海报进行举例说明，这张海报看似复杂，但我们只要通过对它的素材进行分解，就会明白一张海报的设计过程，今后我们也可以学习通过这样的思路创作作品。

在草图确认之后，我们就要对场景进行美化设计。以世界杯为主题的海报进行举例说明（图 37），通过细化设计步骤给大家演示一张海报的生成过程。

如果要设计这样一张海报，我们要准备这些必备的素材：

38

→

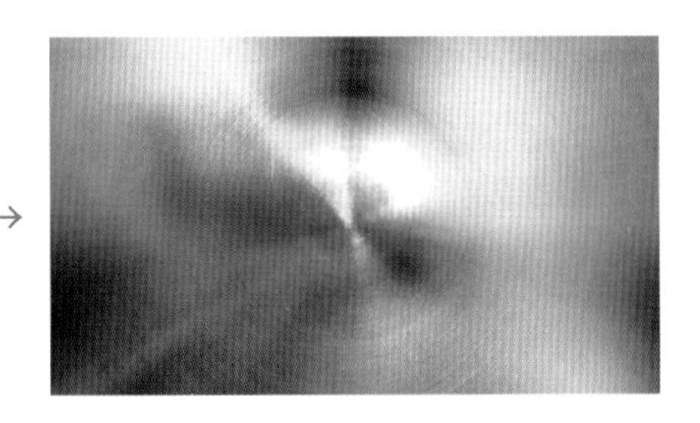

带金属质感的文字效果，以右图的真实金属图片作为设计稿的基本素材。

39

选用这张图片作为主背景图。我们应知道背景图的选取直接决定了整张海报的气氛因素，所以，设计什么题材的海报就应该选择什么样的背景图显得尤为重要。

40

尽可能多地寻找一些与世界杯相关的素材，比如球星、足球等，用以营造鲜明的球场气氛。

41

寻找一些光效和飘飘是为了增加海报的亮点和动感。

42

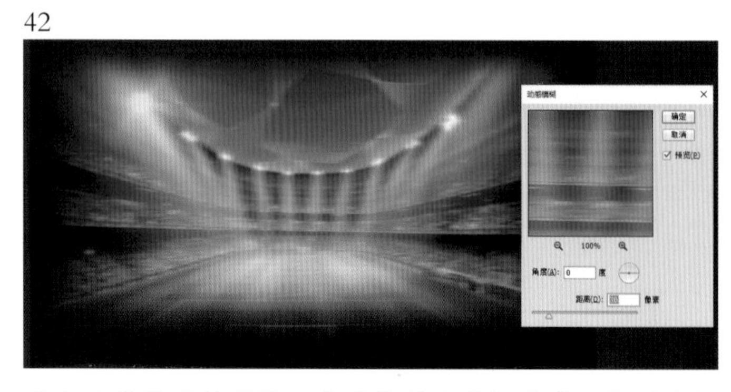

首先从背景开始设计，为了使页面更加动感，主题更加突出，将背景设置为动感模糊、降低饱和度等处理方法。

43

把素材按顺序放到页面相应位置，并对文字进行修饰等，同时要注意整体透视、大小比例、材质质感等因素（图 43）。

在整体设计的时候，我们要注意人物背景虚化、文字立体化、商品投影等细节。在颜色层次把控方面，主要的元素饱和度高，反之次要的元素则饱和度低。

我们在整体排版设计完之后，则要处理好明暗间的关系。根据大自然的规律，人物、产品和模特的光源都要一致。有的海报图之所以看起来整体效果散乱，就是因为光源太多，不符合大自然的规律。以一张石膏素描图为例，只要学过素描的人都明白静物的明暗关系，因此我们要将素描的明暗关系运用到设计中来，让人感觉到一切光源都是那么自然而不造作（图 44）。

44

45

在打造场景时，既要注意整体的明暗变化，也要注意单个物品的明暗关系。我们将世界杯海报的局部物品放大依然可以清晰地看到明暗关系（图 45）。

在处理好明暗关系之后，就到了优化细节的环节。我们通常听到“细节决定成败”的哲理，这样的哲理也可以运用到设计当中来，为我们的设计作品添砖加瓦。我们在场景中加入细节的时候，是为了丰富主题内容，让其更加生动有趣。同时，在海报中正确地加入细节是为了让画面更柔和，更具真实感，但在植入细节时一定要注意物品的大小比例和色彩，千万不要喧宾夺主。

在海报图中增加了足球、大力神杯、球帽和护腕等细节之后，整幅画面增加不少活力与动感（图 46）。

46

47

我们可以在字体周围添加光晕，使其主次分明。光晕可以用来过渡在一些比较僵硬的地方。

48

图 48 是基于图 47 上增加了飘飘、雨滴、光晕及色块。动感模糊的飘飘色块让页面更具动感，但前提条件是颜色和形状要与背景相呼应。然后再添加雨滴和光晕，这些元素都是为了让画面更加真实，营造抢购的氛围。

细节处理完后，总有一种未完的感觉，这是因为整幅画面缺乏光效从而使得整个页面暗淡无光，缺乏世界杯应赋予大家激情洋溢的情绪。接下来，以图例形式对文字进行渲染（图 47）。

在进行文字渲染之后，总感觉页面还缺少点什么，即整体氛围的缺失。除了足球给人带来动感的效果，其他几乎没有元素能凸显动感的气氛。我们要营造这种氛围，在图 47 的基础上进行调整，效果如图 48 所示。

通过对整体氛围元素的增加，较之前页面有了很大的改进，图 48 可以算得上是一幅比较精美的电商海报。我们在处理光晕时，先收集与之相关的光晕素材（图 49）。

49

收集好素材后，就可以给图片增添光晕效果，给画面增添柔美感。光晕素材，在 Photoshop 里面使用是有技巧的，使用滤色就是消除画面中的黑色，使用正片叠底就是消除画面中的白色（图 50、图 51）。

50

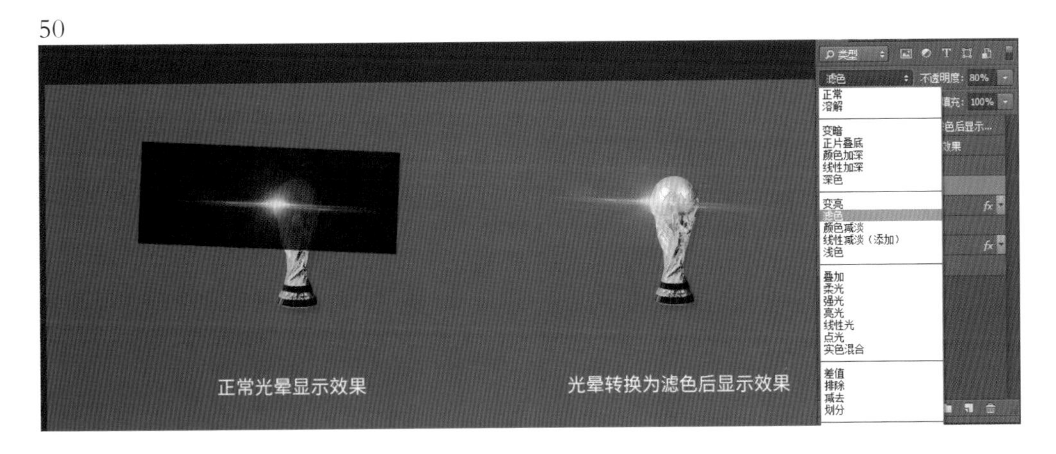

51

海报需注意的几点

01 图案图形节奏感

一、图案

相信大家在设计海报的时候，或多或少都使用过不同的图案进行搭配和渲染。图案的用法很广泛，如果将图案放大会使整幅画面显得大气、有张力；如果将图案缩小则会使画面显得精致、丰富。而在电商的海报中经常会出现以几何形状的图形进行重复或者旋转从而得到一个新的图案，该图案则作为整幅海报的纹理样式，来丰富海报背景的细节，从而让海报有了自己的气质、格调。我们常常在设计好了海报之后，总觉得背景里面好像缺少了什么，下次你不妨尝试一下使用各种不同的图案进行衬托，该海报画面一定会精彩不少。

采用一个几何形状（图 52），通过平行或者垂直进行有规律地重复移动所得到的形态，将它应用于纯色的背景上以起到丰富画面的效果，我们将它称之为图案。图案在一般情况下都与纯色的背景搭配，无须过多的颜色，避免画面花与乱。

52

图 53 所示的两幅图片中上一张是没有图案的海报，它的背景看起来过于简单，缺少环境衬托的氛围，所以我们给它加上了菱形图案来丰富背景的细节和层次。

53

二、图形

图形和图案字面意义上的理解似乎相同，那么图案和图形的区别是什么呢？图案是指将同一形状直接复制后，通过平移或者竖移所得到的形态；而图形是指通过对原形状进行复制后将该形状循环放大或者缩小所得到的形态。无论是图案还是图形，它都应该是有规律性的，相比之下，图案的规律性更好。

如图 54 所示，海报中的图形是通过相同的圆角矩形，长度和宽度的变化来组合成了更强的节奏感。它既可以是大小尺寸区别变化，也可以是色彩变化多端，还可以是单色的深浅变化。

54

图 55 所示用了矩形的砖块图案循环重复地使用，并且通过颜色的深浅增强了空间感，较前一张图相比，给画面增添了环境的气氛。

55

三、节奏感

Ⅰ - 对比

在图 56 所示的两幅图片中，大家可以很明显地看到添加和不添加图案的视觉效果。左侧图片背景没有添加任何图案，虽然这张海报在排版、用色等方面做了不少考究的设计，但是没有图案还是会感觉少了一点节奏感和细节感。右侧图片是一张使用叶状图案排列出来的海报，添加了恰当的图案之后会使整幅画面变得饱满充实，同时让该海报更加有设计感。

56

图 57 所示的两幅图片同样是背景有图形和无图形的对比，图形不仅可以是形状，还可以是线条，很明显感到上面一张图显得比较空洞，促销感不足。下面一张图采用了圆形描边并循环放大来作为背景图形，让页面活泼并且有节奏感。这种圆形循环放大的形式在平面构成中叫作放射构成。

57

Ⅱ - 图案的应用

图 58 所示的上面一张图用到了菱形的图案重复排列，以此来烘托空洞的页面背景，同时也营造出儿童节日热闹的氛围。下面一张图用到了类似波浪线的图案，这些波浪形的图案总会给我们带来与生俱来的节奏感。

58

59

60

Ⅲ - 图形的应用

如图 59 所示，海报的背景是由多边形状构成，它是由小变大发散形成新的图形，这种扩散的图形具有很强的节奏感。图案不仅可以通过平铺重复得到，还可以由一个基本形状通过放大 → 复制 → 放大这样有规律的循环方式得到新的图形，在平面设计原理里称为放射性构成。

如图 60 所示，在这样一个背景淡粉色的视觉上面，设计师大胆地使用了单个倾斜长条复制得到的背景图形，与模特姿态以五彩缤纷的元素组合起来，给画面增添了节奏感。

02 给画面增添气氛

当你设计完一幅海报之后，如果总觉得缺少点什么，那么这时你就要静下心来思考一下它的组成部分。抛开产品图本身的重要性之外，海报图中还会经常使用到有彩礼、飘带、三角形、红包、斜线等装饰型元素。下面先来看几组案例：

图 61 ～图 64 所示的案例是有关海报的原图分别相对应的一张去掉氛围的图片，去掉了一些看似不太重要的细小元素，却会让整幅画面看起来缺乏热闹的氛围，也就失去了举办活动的意义。

案例中都具有图案、图形及实物，密集的细小图案给背景增添了丰富的细节，同时也让画面空洞的区域得以饱满，那些漂浮在空中的装饰物会让人觉得这里正在召开一场热闹盛大的 party！

61

TASTE
106

TASTE
106

62

鸥游，自助未来
了解更多

鸥游，自助未来
了解更多

63

返点1%无上限 日日领红利
无限返水
至尊享受

返点1%无上限 日日领红利
无限返水
至尊享受

64

65

返点1%无上限 日日领红利
无限返水
至尊享受

以图 65 所示为例进行讲解。

我们在给画面增添气氛的时候，并非随意添加元素，应注意到以下几个方面：

一、元素大小不一

如图 66 所示，三角形作为该海报使用较为频繁的元素，有意地对各种三角形元素大小进行了区分，正由于图形的大小不一从而拉开了画面的空间感和节奏感。

66

二、图形样式不同

如图 67 所示，红包展现形式可以有很多种，你可以通过对元素的角度、大小及透视关系的调整将它们加以区分，所以尽量不要将所有的元素都重复使用，案例中的红包有正面、半侧面及正在飞舞的，这样的不同表现形式让画面更加丰富了，但也应适可而止，太多的不同元素组合在一起只会让画面杂乱不堪。

67

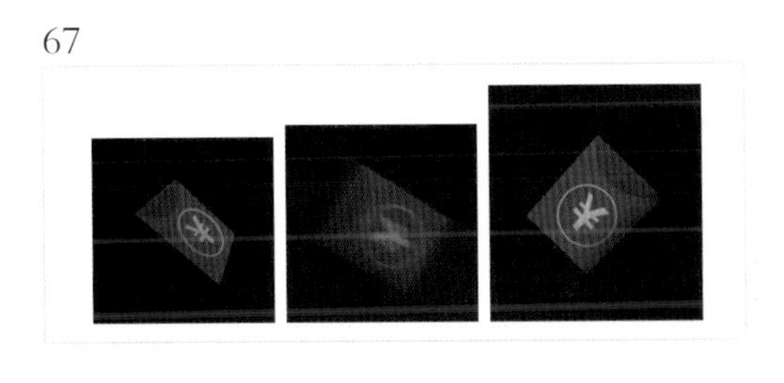

三、图形深浅不一

如图 68 所示，案例中三角形的明度深浅也不一致，这样设计的目的是让画面比较有层次感，让人感觉到画面有远近的景深感。

68

03 分割背景 活跃场景

为了让画面设计得更为活跃、更为醒目，我们常常使用分割背景的方式。分割的方式有很多种，比如矩形、圆形、三角形、曲线等（图 69）。虽然分割的方式很多，但是不同的分割会给人不同的视觉感受，所以当我们需要对背景进行分割之前先要思考你的设计风格适合于哪种形式的分割方式。

69

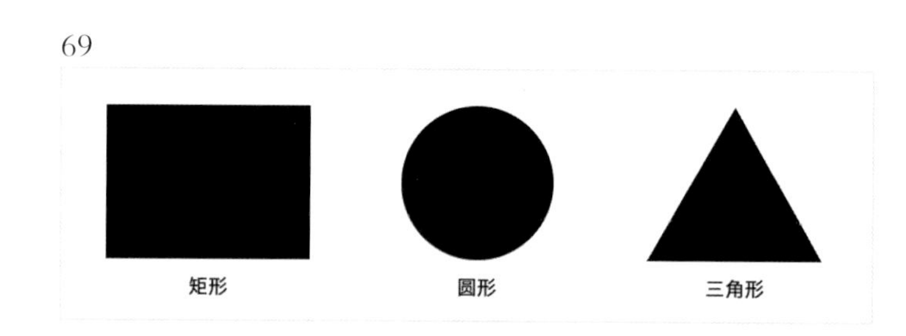

70

一、矩形的分割应用

如图 70 所示，这里列举的是矩形的分割案例，相比之下，最下面一幅倾斜的图片看上去似乎更加利落一些，更适合于一些大型的促销活动，富于动感的醒目特性决定了它的重要特性。当然，矩形分割的案例还有很多，大家平时浏览电商时经常可以看到相对应的矩形分割案例，可以琢磨设计师在设计该张海报时为何会使用矩形分割的手法，矩形分割的效果会给画面带来哪些吸睛的地方。

二、圆形的分割应用

71

如图 71 所示，圆形让人看起来会有圆润、包容的感受，圆形分割可以很好地将眼睛聚焦到圆形区域里，也就是我们所说的聚光作用。设计师一般将圆形分割手法作用于活动促销

页面，产品能以非常集中的方式自然地展现给用户，让用户很好地体验到活动目的性。

三、三角形的分割应用

如图 72 所示，三角形分割能给人带来干净利落的感受，构图形式十分直观，视觉冲击感相对比较强烈。

72

以上介绍的三种分割方式是我们最常见的构图分割形式。无论是形状大小、位置、角度，还是形状在画面中摆放的前后位置（分割形状位于模特后面或商品后面），这些都是可以灵活转变的，可以根据构图及画面风格所需进行恰当地分割搭配。如果一种分割形式看起来并不完美，可以多试试其他几种风格，设计就是要想法多，考虑多，观察多。

背景分割会让画面变得更有层次，至少拉出了三层空间，即背景、分割形状、商品或模特，你可以在这三层空间里面尽情发挥你的创作，多尝试、多练习，我相信大家会慢慢地对分割有一定的认识和感受。

04 背景色的合理搭配

背景占据大面积色块的应用，在电商海报设计中效果特别明显而且使用频率非常高。这种使用大面积色块设计的方法非常有效，淘宝、天猫、京东这样的国内一线电商平台的活动海报就常常是以色块背景为主。其实大面积使用同种色系为主要色块的设计方式在前几年就很流行了，主要是因为这样的设计方式可以界定好主色、辅助色、间接色之间的关系，既然大面积地使用了同一种色系，那么整幅版面的主色调也能根据它随之确定下来，就不会造成色系的倾向不明或者是颜色过多使得画面脏乱。在电商平台上，我们最常见到的一种海报风格就是在大面积色块背景上面，白色的文案、图案就成了视觉焦点。在大面积色块背景上应用类似时尚风格的波普元素，画面的节奏感就出来了。

73

以图 73 所示为例，案例中的背景颜色是整个大片红色的色块，在这样的衬托下，白色的文案就显得异常突出，成了视觉的焦点。所以，各大电商平台的促销活动中的会场 Banner 经常会这样设计，一是让主题文案成为视觉焦点，二是延展其他会展以方便套用。这样的设计虽没有过多的特效处理，但是这样的风格是当前流行的设计风，同时也大大节约了设计时间的成本。

图74所示的例子大家应该也不少见到，它和图 73 的明度正好形成对比，它是以浅色的底色为背景色块，由大块的白色字体变成了深棕色的字体颜色，虽然它的主标看起来没有图 73 中那么的显著，不过这也是设计师常用的一种设计风格。它主要突出商品本身，颜色鲜艳、形状各异的商品无疑成为该海报的亮点。

我们在使用背景色块进行设计时应该注意以下几点：

Ⅰ - 统一配色

当然，最重要的就是配色，我们在配色时尽量不要使用超过三种以上主色调。

Ⅱ - 色彩搭配和谐

模特或者产品本身的颜色不要和背景色差入太大，比如图 74 所示的背景色是灰绿色，那么模特等主视觉的颜色就应接近他的色彩，身穿深绿色上衣的模特正好就与背景形成了很好的呼应，在图 74 中也许你会看到红色特别显眼，这就是整幅 Banner 的亮点之处，绿色的对比色是洋红，设计师很好地将灰绿色与红色巧妙地融合在一起，红色的运用起到了画龙点睛的作用。

如果你在设计之初，不能够很好地掌握好对比色、互补色及近似色等配色理论，那

74

么我们可以把这些配色原理简化成两点。

Ⅰ - 饱和度配色

暗色配亮色、亮色配暗色

Ⅱ - 明度配色

深色配浅色、浅色配深色

饱和度配色——暗色配亮色、亮色配暗色

我们不能随意界定一种颜色究竟是暗色还是亮色，只能通过对比产生出是暗色或者是亮色。某种色系暗色和亮色是可以控制的，就像是颜色的深浅（图 75）。

因此，这里的分类并不绝对，比如说一种纯度很高的蓝色，与一种纯度很高的黄色相比，该蓝色就是暗色。每种颜色都有它最亮的色值，但是无论该色系的饱和度有多高或多低，都不会超过白色和黑色，只有白色和黑色才是最亮和最暗的色值。

所以，我们会通过调整颜色饱和度来让它变暗或变亮，当然如果要想比较透彻地了解配色原理，还得从对比色、互补色等这些基本原理去熟悉，才能更好地掌握好用色方法。

我提到的这两点配色方法只是想让大家明白基本的配色原理，比如深蓝色为底色的背景上面就不要再配深色系的颜色了，可考虑使用白色或者亮金色等纯度较高的颜色。

75

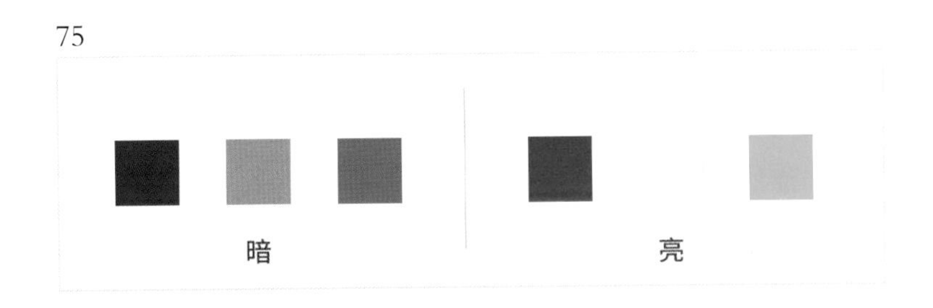

虽然黄色和蓝色的纯度都很高，可是我们在视觉上看到黄色比蓝色亮很多，这就是亮色配暗色所产生的效果（图 76）；反之那就是暗色配亮色（背景色为主色调）。

我们再来看一个反面例子（图 77）。两种颜色同为暗色，所以不管如何摆放设计都是一个错误的搭配。

无论是亮色还是暗色，白色和黑色这

76

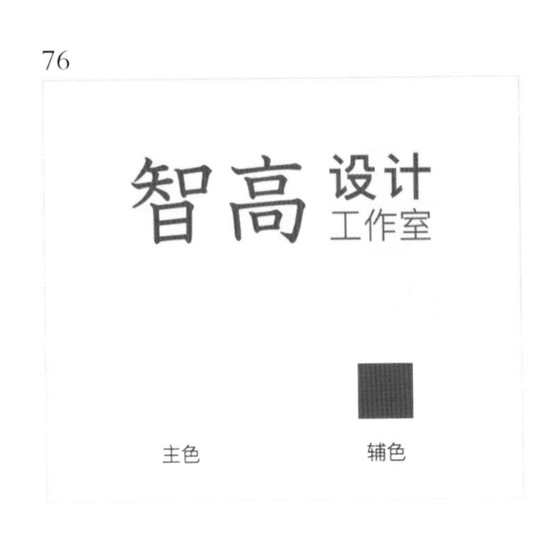

77

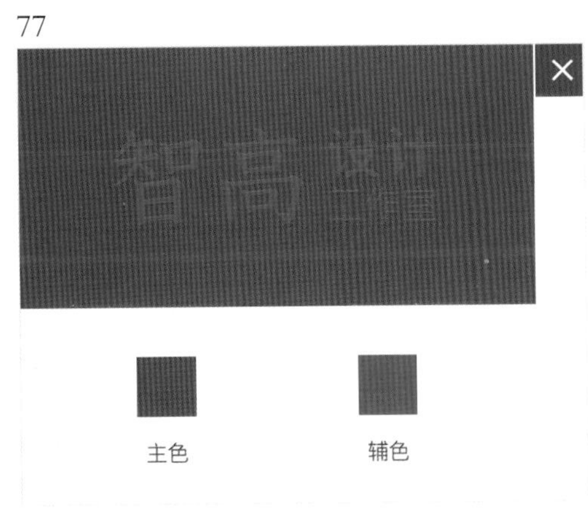

种中性色都是可以很好地与之搭配，白色更是可以优先考虑，毕竟白色是作为视觉的焦点。

如图 78 所示，很显然两种亮色一起进行搭配并不太和谐。如果一定要使用亮色与亮色搭配，那么可以选择使用白色或者黄色这种具有代表性的颜色搭配（图 79）。

使用纯白或纯黄去搭配亮色色系显然是可行的，但还是要慎用，因为纯白或纯黄是比较刺眼的颜色，更适于促销类目的设计（图 79）。

将纯白或纯黄做一些明度或饱和度调整后，整个画面就柔和不少（图 80）。

所以，在颜色的搭配上，大家应从多个角度、多种思维方式去全盘考虑配色法则，不要仅限于一种思维模式，比如亮色和亮色无论怎么搭配，都致使页面效果不和谐，我们应换一种模式思考，是否可以尝试使用深色进行搭配。

明度配色——深色配浅色、浅色配深色

如图 81 所示，若是以深绿色作为背景色块，可以使用浅绿色作为字体颜色进行深浅搭配，或者是使用浅色背景深色字体进行

78

智高设计工作室

主色

辅色

79

80

81

82

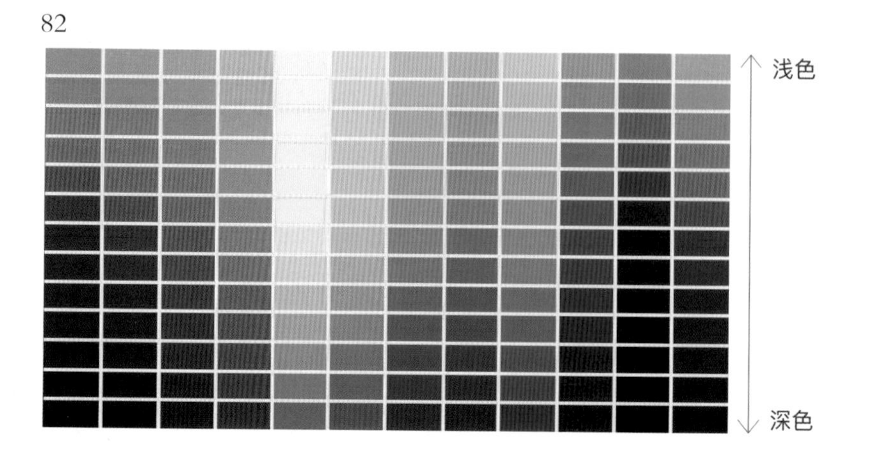

搭配。有时候我们不清楚该如何配色的时候，可以先考虑使用主色系为基本色，将它进行明度的深浅变化进行配色，这样一来不会出现由于颜色配不好致使画面过脏、过乱，二来能够保证色系的统一。

通过图 82 所示的明度表能够看到，越往上走颜色就越浅，反之越深。因此，颜色的深浅配色是由明度和饱和度共同来控制的，掌握好了明度和饱和度的搭配，才能搭配好画面的颜色。

如图 83 所示，案例中背景颜色和利益点的形状载体采用了深色配浅色的手法，当然文案还是以白色为主，大部分都是色块的深浅搭配，而非文字（在画面大部分使用深色色块的情况下，白色则作为整幅画面的视觉焦点）。

本章回顾分为四大部分：

❶ 图案、图形给画面增添节奏感

❷ 使用不同的元素给画面增添气氛

❸ 背景分割没有特定的形状，而是根据特定的场合设置相对应的形状

❹ 配色切勿亮色配亮色、暗色配暗色

大家平时需要多采集和观察一些优秀的设计案例，当你过几个月再回来看这些作品时，如果觉得设计得很一般，那么恭喜你，你的欣赏水平已经提高了，这也是你能力提升的一种表现，当你的欣赏水平上了一个台阶，你才能驾驭更高水准的设计能力。自己平时花时间多练、多想，这将会让你有无线空间供你成长。

83

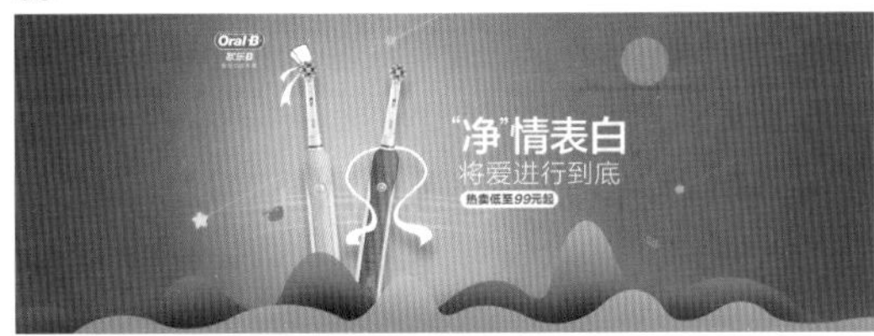

— Chapter 6

Format design

版式设计

chapter 6 / 第六章

第六章

版式设计

版式分类

1

1. 背景　2. 主体　3. 文案　4. 装饰

我们在设计一张海报的时候，应该掌握好它其中的一些版式设计原理，即背景、主体、文案和装饰，这四要素如果完美并合理地运用好了，就能够给我们视觉上带来美的感受，这其实就是我们常说到的排版（图1）。

当你准备好了这四要素后，排版的好坏就将决定你整张图片的质量，这就好比不同的装修工人，拿着同样的物料做着同样的事情，装修出来的新房却很有可能是截然不同的效果，每行都有自己的门道。那么我们在设计海报时应该如何排版才能够美观又大气，又有哪些简单的技巧和方法可供我们参考从而少走弯路呢？

本节将详细阐述**版式分类**。

首先需要了解有哪些版式种类比较容易被大家所接受并称赞。我们平时自己设计制作或者是看到别人案例中的版式大部分都是以中心型、中轴型、分割型、倾斜型、骨骼型和满版型为主。

01 中心型

2

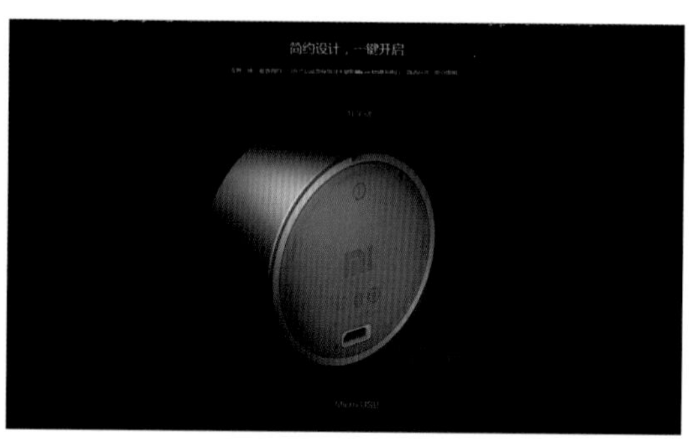

中心型排版，即利用视觉中心，突出想要表达的产品本身。

当制作的图片没有太多的文字，并且想要大力展示主体本身的情况下，可以使用中心型排版（图2）。中心型排版具有突出主体、聚焦视线等作用，这是一种比较大气的排版方式，产品的精美可以吸引住不少潜在客户的心理。这种排版方式背景不宜花哨，可使用纯色背景，如果想体现高端则背景可使用微渐变色进行衬托。

3

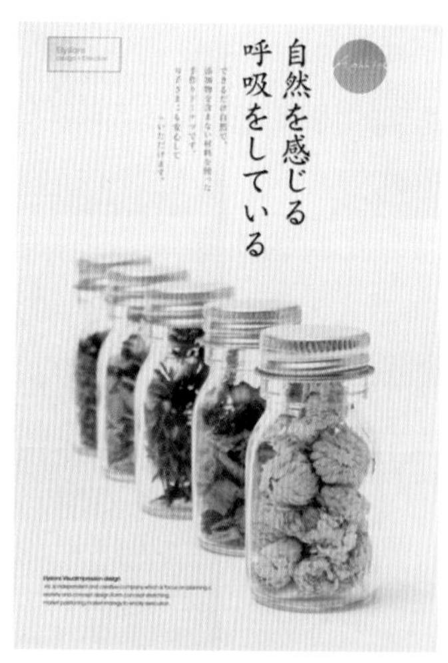

中心型排版不仅仅出现在高科技产品上，它也可以是日常生活用品（图3），只要你的产品足够吸引人，即可自信地去展现它自身造型的美感。

02 中轴型

4

中轴型排版，即利用轴心对称，使画面规范稳定、醒目大方。

中轴型排版和中心型排版相类似，当设计制作的海报满足中心型排版但主体面积过大的情况下，就可以选择使用中轴型排版（图 4）。中轴型居中对称的版面特点，在突出主体的同时又能给予画面稳定感，并能使整体画面具有一定的冲击力。

在做电商活动海报的时候，中轴型排版是很具有视觉冲击的一种表现形式（图 5）。

5

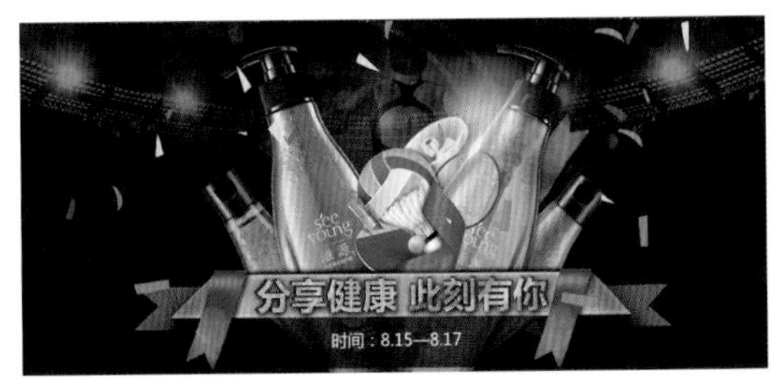

03 分割型

6

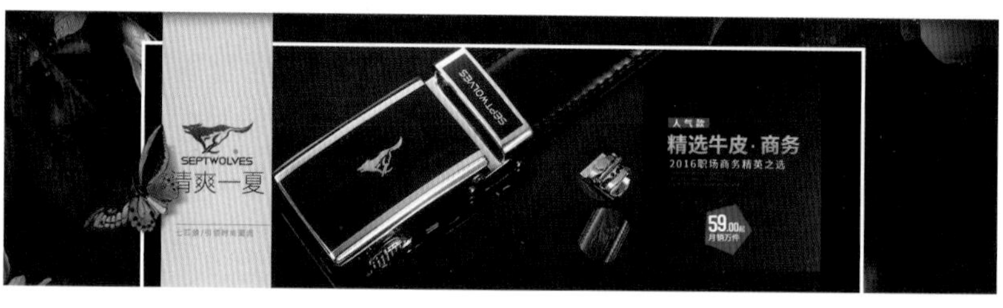

分割型排版，即利用分割线使画面具有明确的独立性和引导性。

当制作的海报中含有多张图片和多段文字时可以考虑使用分割型排版（图 6）。分割型排版能驱使画面中每个部分极为明确并独立，在观赏海报时能潜移默化地引导读者的方向性和主次性。所以，通过分割出来的体积大小也可以明确海报中各部分的主次关系，有较好的对比性，并使整体画面不单调和拥挤（图 7）。

7

04 倾斜型

8

倾斜型排版，即通过主题或整体画面的倾斜编排，使画面拥有极强的律动感，吸引、刺激视觉。

当设计制作的海报场景需要体现律动性、冲击性、不稳定性、跳跃性等效果，可以使用倾斜型排版（图 8）。倾斜型排版可以让呆板的画面瞬时爆发活力和生机，当你发现自己的图片过于死板或呆木的时候，尝试让画面中某个或某些元素带点倾斜，这样会使画面活跃、灵动不少（图 9）。

9

05 骨骼型

10

骨骼型排版，即通过有序的图文排列，使画面严谨统一、具有秩序感，也就是我们常说的规范、整齐的排版。

当你设计制作的海报遇到文案比较多的时候，通常会使用骨骼型排版。骨骼型排版是较为常见的排版方式，清晰的思路和严谨性让画面四平八稳，是一种不容易犯错的排版方式，但是它的问题就是比较单一、乏味。我们为了打破骨骼型排版的单一性和平稳性，也经常会在规整的排列中加入一些律动性强烈的元素。

11

如图 11 所示的四幅图片，其实网页设计（包括电商设计）中绝大部分的界面都是采用骨骼型的排版形式，这是由于用户长期阅读书本或者报刊从而养成了这种固定的思维模式，我们要去改变用户的这种习惯着实很难。所以，除非客户有特殊的要求，否则我们不要凭自己主观想法去任意排版设计。网页设计毕竟是属于商业设计，是以盈利为目的，最终案例将呈现给大众消费者，因此尽量要遵循它的规则，在规则中发挥自我的创意才是一幅好的设计作品。

06 满版型

12

满版型排版，即通过大面积的元素来传达最为直观和强烈的视觉刺激，使画面丰富且具有极强的带入感。

当你设计海报时，若题材中含有极为明确的主体并且文案又较少的情况下，可以采用满版型排版（图 12）。常见到的满版型排版有整体满版、细节满版和文字满版。整体满版会让画面有强烈的带入性，细节满版能快速地通过细节部分的精致让人联想到整体，而文字满版通常是以装饰形式来表达某些文案，满版型排版如图 13 所示。

13

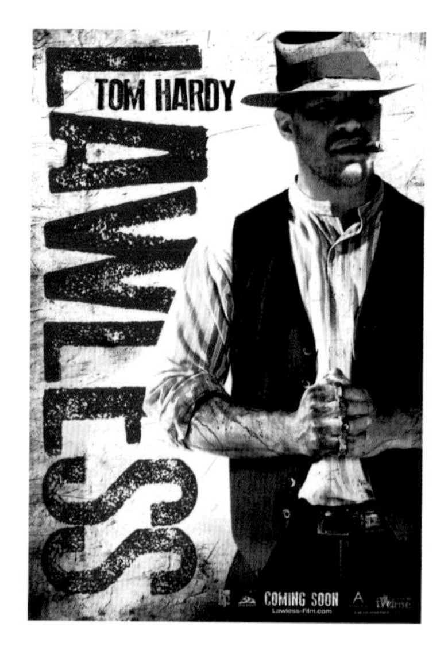

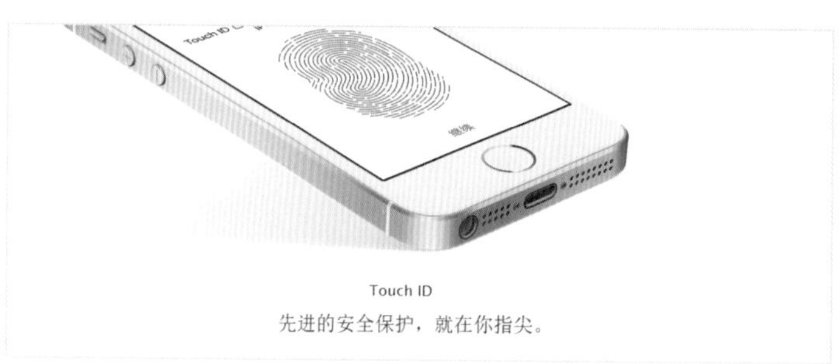

排版

01 文字排版

文字作为海报设计里十分重要的一部分，当我们在设计文字的时候，要区别于其他海报设计的元素。我们应通过以下方式对文字进行设计，即文字的大小、色彩、字体、空间、立体等。

一、文字大小、粗细对比

这是最简单、最易于区别于其他要素的排版方式之一。我们在排列文字的时候一定要主次分明，同一种字体使用不同的大小、不同的粗细来展现，也有非常美观的效果（图 14）。

14

海报运用了同一系列的两种字体，即**方正正粗黑简体**和方正正黑简体，虽然大小一样的情况下，但我们仍可以比较清晰地分辨出该张海报的主题是“样样是精品”。

设计师在设计这张图的时候，用了**黑体**，为了区分字体主次关系，通过加大、加粗字体，使“全球好货”明显突出于其他字体，使得主次关系一目了然，这种最直接的字体排版方式在设计中运用得最为广泛。

该张海报从头到尾也只是用了黑体系列字体，只是对主题文字进行加大，并且换成了更为醒目的**方正大黑简体**字体加以区分。

二、色彩对比

色彩对比就是通过颜色合理搭配，让主次分明。我们在前面第一章就讲过色彩配色，通过使用对比色可使字体与字体、字体与背景之间的搭配更为醒目（图 15）。

15

绿色与洋红也是一组对比色，它们之间的搭配能让你不自觉地被它们所吸引。

该张海报以蓝色为主色调，当出现一大片蓝色系的时候，上面出现一块黄色的主题字体，这种强烈的反差使得主题字成为该张图的焦点。

青色与红色的搭配也比较常见，它们那强烈的反差会一下子抓住我们的眼球。

还有很多的例子我就不一一列举了，只要大家多看一下色彩方面的知识，自己也可以搭配好文字与背景的色彩关系。

三、字体对比

字体对比是通过对某个特定的字或凸显的词进行特殊变化从而形成对比（图 16）。

16

此张海报夸张的字体造型“钜惠 12.12”成为图片的焦点，整幅海报主题明确。

17

当一幅画面出现了明显不同于其他字体的时候，将它放大后就会成为整个页面最显眼的部分。

字体的明显区别对比能够深深地吸引住我们的眼球，这张海报的第一视觉点就是“舒服”二字，它夸张的字体在整幅画面中一目了然。

当一幅画面出现了明显不同于其它字体的时候，将它放大后就会成为整个页面最显眼的部分。

四、立体对比

立体对比即通过对字进行立体化的处理，让主标题与其他文案形成鲜明对比。在这个扁平泛滥的时代，如果偶然出现了壮硕的立体字，是不是能给人眼前一亮呢？（图 18）。

18

通过对主题字体进行立体化的处理后，字体变得更加厚重了，其他字体显然就成为立体字的陪衬。

立体字的设计总能给人带来视觉上的刺激，因为我们对立体化的东西总是那么着迷。

五、空间、透视对比

19

通过远近对比，在眼中形成近大远小的视觉效果，这种对比方式适用于游戏、电影等具有震撼效果的类别。

这张透视图主要突出的是“逆袭”二字，设计师巧妙地通过立体字的形式将近大远小的透视特性表现得淋漓尽致。

空间、透视对比就是通过不同的空间远近，在透视中以近大远小来体现文字的主次。这种效果较之前的立体对比更为震撼，可以说是立体字的升级版（图 19）。

六、背景对比

背景对比就是通过改变文字背景来突出文案，还可以解释为在文字的下一层加上一块背景使得文字更加显眼（图 20）。

20

由于背景颜色深浅不一，放上去的文字很难凸显它应有的作用。因此，在文字下面一层加上一块白色背景，文字不再若隐若现。

这种样式也经常被设计师用到，即在字体周边加上类似描边的效果，用以突出主题文字。

七、字体、加大对比

通过对某个特定的字进行特殊字体变化而形成对比（图 21）。

我们在使用字体变换、加大对比的时候，这个字主要是宣传了该产品的卖点，所以在选字造型时一定要多花时间去思考该字能否概括图片所要表达的意思或者卖点。

21

“厚”字的特意加大，则突出了该产品的与众不同之处。

“惠”字的特意加大，给人带来了实惠的感受。

02 文字变形

当一幅海报里面一切都是那么平淡或缺乏新意的时候，我们可以考虑使用文字变形来给图片增添活力。文字变形不是随随便便添加几个文字即可，而是要通过后期的软件处理让字体不再普通，因此，文字变形在海报案例当中的使用频率是十分高的。文字变形的方式方法有很多种，我先列举一些优秀的案例让大家参考一下（图 22）。

22

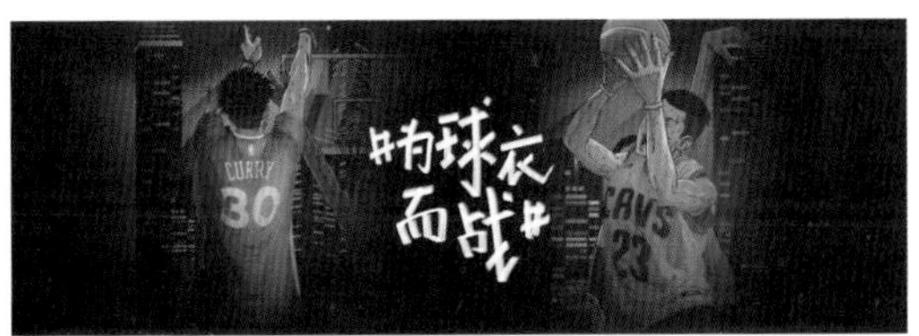

大致归纳一下，文字变形有以下几个种类：

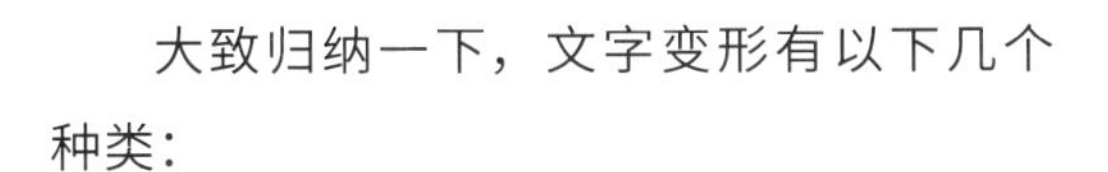

一、字体倾斜

字体倾斜就是通过倾斜字体给文字赋予动感，使页面与文字更加融合。字体倾斜既有向同一方向倾斜也有向不同方向倾斜（图 23），这里列举的主要是以同种方向倾斜的案例（图 24）。

23

我们从多幅以字体倾斜的案例可以总结得出：字体倾斜的样式能够迅速抓住用户的注意力，因为人们生来就对带动感的物体更

24

整张海报以文字为焦点，向右上倾斜的文字给整幅画面带来了十足动感。

这是文字倾斜的另一案例，整幅画面的焦点依然是在文字上面。

感兴趣。我们也应知道，其他不带倾斜的文案更易被忽略，所以在设计字体倾斜的时候要把握好主次关系。

二、局部拟物

局部拟物就是通过对文字的局部进行效果处理，使字与物融为一体，让字体更加生动有趣（图 25）。

25

为了给平淡的感恩节增添暖暖的爱意，设计师特意在“恩”字上做了拟物化处理，局部的拟物化确实给整幅画面增添了不少爱意。

在字的周围加上齿轮的元素，使整个页面机械感更加强烈。

三、一字连体

一字连体就是通过连接文字的笔画，让文字行云流水。一字连体的恰当运用会使主体文案成为一个整体，让主次之分更为明显（图 26）。

因此，当你不想将文案平淡无奇的横排或竖排的时候，可以考虑使用连体字的设计方式。

26

设计师将主标题“双 12 来了”进行处理后形成了连体字，保证了主标题的整体性。

周大福海报中主标题的连贯性，更易抓住购买者的目光。

四、添加氛围元素

为了强化图片的气氛，在文字中添加渲染气氛的元素，让整体更加完整（图 27）。

27

这幅画面的字体融合了冬季里的雪花，给整幅画面带来不少寒意。然而背景图又是充满暖意的情境，寓意在寒冷的冬季里大家一样可以很“潮”。

这是一幅李维斯的牛仔裤广告，英文“SHOW”的“O”字母演变成了一个照相机的镜头，照相机镜头与英文融为一体，更加衬托出牛仔裤的珍贵迷人。

五、文意图形化

文意图形化描述具体事物文字，通过文字图形化来变形，让文字更形象生动（图 28）。

28

为了让“心”的表达更为贴切，设计师将“心”字的一点替换成了一颗心形图标，让文字更加形象生动，画面更多地充满爱意。

天猫为了让“双十二”活动更加精彩，在文字造型上多次使用猫耳造型，使得整张图片更加活泼生动。

六、破碎玻璃

破碎玻璃就是让文字变成破碎的玻璃形态呈现在画面中，破碎玻璃的效果给人的感觉是比较有震撼力和冲击力的（图 29）。

这也是一幅以破碎玻璃字体设计的海报，比较尖锐的字体设计正好符合海报的主题“坚若磐石”。

29

文字“破冰”使用了破碎玻璃的设计效果，虽然有那么一点零散，可是给人的感觉是相当有冲击力，就像海报中描述的那样，新装破冰而出。

七、文字材质

在文字上增加材质，使其自然地融入画面（图 30）。

30

为了配合场景需要，文字“咆哮来袭”特意添加了金属材质及几条闪电，使得文字与画面场景完美地融合在一起。

为了营造一个大爆炸的场景，设计师特意将“12.12”添加了火焰的材质，似乎“双十二”火热地爆发了。

八、手绘或粉笔字

手绘或粉笔字给人的感觉比较有文艺范儿，似乎在更多情形下会有个人的感情色彩在里面（图 31）。

31

联想的乐檬手机诞辰 1 周年之际设计了这幅海报，粉笔字的使用让我们想到了正在上课的情景，自然而然地拉近与我们的距离。

这张海报以黑板为背景，完全营造了一个在教室上课的情景。

九、折叠字

折叠字是指字体通过阴影的方式使其具有明暗渐变的感觉，它在海报设计中经常出现。特别是在这个扁平化的时代，折叠字更是发挥得淋漓尽致（图 32）。

折叠字虽然能提高文字观赏性，然而在设计折叠字的时候，一定要统一好投影部分。所以说，设计折叠字是有一定的难度的，如果把握不好阴影的方向，可以自己动手用纸拼凑出一个折叠字，按照原型再在电脑里面绘制投影，这样就能设计出合理又美观的折叠字了。

32

我们单独地以一个折叠字“层”来分析，看起来就好像用一张张的纸折叠拼凑出来的，从而给人在视觉上造成一种立体式的假象。

主题字“保暖大行动”使用了折叠字的设计样式，主题整体给人的感觉比较厚实。

由于折叠字的使用，哪怕是放在不起眼的位置仍然能引起人的注意。

十、少儿可爱字体

少儿可爱字体适用于比较活泼、可爱及儿童的页面（图 33）。

33

由于该店铺是专卖童鞋，可爱的卡通字体非常适合这张海报的主题设计。

这张海报主题文字使用了特粗幼圆字体，再配以海绵宝宝等卡通元素，使得整幅画面充满了天真无邪的一面。

十一、遮掩字体

遮掩字体就是字体被人或物遮挡住局部。在扁平流行的年代，遮掩字体时常出现在图片设计中。经过深思熟虑设计出来的遮掩字体，也深受大家的喜爱（图 34）。

我们在设计遮掩字体时，合理的局部遮挡会让人们发挥想象力空间，但我们应注意别把字体的绝大部分面积都遮挡住了，这样一来会造成阅读的困难，反而弄巧成拙。

34

为了让店铺海报主题突出产品的与众不同，设计师在设计文字的时候，虽然“秀”字被模特刻意遮挡住局部，但我们依然很清晰地分辨出文字，这就是文字遮挡设计的趣味所在。

虽然主题文字“年终聚惠”被遮挡住了不少部分，然而我们的好奇心仍促使我们脑洞大开地想象出每个文字的形状。

03 文字变形案例及欣赏

当我们设计海报文字不知所措的时候，可以寻找一些成功的字体变形案例，分析其美观的原理。下面找一幅优秀案例，结合制图软件来帮大家分析一下在设计文字时将会用到哪些技法，以及在设计过程中所需经历的重要步骤，好帮助大家明白字体变形设计的原理，以便今后自己也能在设计过程中悟出很多别出心裁的设计思路。

35

① 由于本章是讲字体变形，里面的图层设计就不描述了。本张海报主题字为“婚嫁礼遇”，实际上设计师在“婚嫁”二字做了变形。为了演示更加直观，我们先将背景图的颜色去掉，然后用红色的细线勾勒出需要变形的区域。

36

② 通过勾勒后的文字，我们从图片可以清晰地看到两条自由变形的飘带已将之前的字体部分替换掉，使主题看起来更加浪漫动人。为了让大家明白该字体的设计步骤，我们单独将字体分离开向大家演示设计步骤。

37

③ 设计师使用的字体是**方正大标宋简体**，然后进行简单的文字排版，最初的文字设计如图 37 所示。接下来，要对局部进行变形设计，由于文字是矢量图，因此增加删减笔画应该先对文字进行栅格化操作，操作如图 38 所示。

38

39

④ 此外还有一种删除文字笔画的方法，就是使用“添加矢量蒙版”功能，如图 39 所示的红圈处功能键，然后将前景色设置为黑色，再下一步你就可以使用画笔工具或者多边形套索工具进行删减形状了。

40

41

⑤ 当你对文字进行删减后就是这种形态，接下来我们即可在剪掉的空位设计飘带。

42

⑥ 删掉笔画之后，我们就可以使用路径工具（钢笔工具）对飘带进行造型设计了，为了不影响观察，我特意使用红色以便与初始字体颜色进行区分。当我们在造型的时候，要分析笔画间的细微变化、字间距、字弧度及粗细等。

43

⑦ 最后，我们就可以对文字上色、描边、加投影了，这样一幅字体变形就大功告成了。其实字体变形还多在于大家平时对海报设计的观察和积累，只有看得多、练得多，你面对字体变形设计时才会更加容易掌握。

以上案例给大家介绍了飘带字体变形设计，下面我再为大家介绍一种经常在海报中见到的字体效果——书法变形字体。

一、找字体先行，笔刷随后

首先我们百度搜索一下毛笔字体，有很多可供选择的字体供我们使用（图 44）。

44

如果初次尝试毛笔字字体，建议选择楷体，因为楷体的笔画相对要易于添加笔刷效果。海报风格定位是属于饱满丰腴的还是纤细凌厉的？设计字体时根据海报设计的风格是很有必要的。

我在这里给大家演示一张海报字体笔刷制作过程。首先，确定好字体，为了让演示效果更棒，我在这里为大家选用“禹卫书法行书简体”，根据文案设定好字体的大小位置，横排或竖排影响不大，笔刷可以根据笔画的走向来决定。演示如下：

45

禹卫书法行书简体

选取了部分笔刷用于制作毛笔字的展示

二、拼 拼接堆积，加减自如

文字摆放好后，就可以将你找好的笔刷放进来进行自由拼贴（图 46）。在对笔刷进行拼贴时可以使用【Ctrl+T】组合键进行缩放旋转，这部分像是堆积木似的加法阶段，也是需要我们很有耐心的一个阶段，但不要一直无谓地堆积，适当加法做完，还要做减法，这里的减法主要是说字形的本身，栅格化字体并用橡皮擦工具或是其他选择工具删掉它。擦去你感觉多余的部分，然后利用笔刷工具来替代，这里强调一下，其实很多现成的毛笔字体是没有那种飞白的感觉，我们要利用笔刷里的细节来填充字体的空白。

46

三、变 拉伸提炼，位置统一

这一步其实是在加法阶段持续跟进的，当你堆积笔刷感觉到差不多时，有些笔刷角度方向的问题怎么解决？这些还是需要去处理单独笔刷位置，保证整体和谐统一（图 47）。

47

四、修 万法归一，行云流水

整体笔刷填充得差不多后，再适当调整一下，整体给人感觉差不多就行。将文字放于背景层上面，再调整文字颜色、纹路等（图 48）。

48

前段时间我看到某位同学设计了一张字体海报（图 49）。仔细观察后发现很多的问题，接下来，我们对该张海报文字设计进行分析说明。

49

这张海报文字有三个比较突出的问题。第一，构图比较分散；第二，气氛不够火爆；第三，不易识别。

为了更好地造型，我单独地将“火拼周”三字使用黑白的形式排列设计，这样，大家可以更直接地看出问题在哪儿。

Ⅰ - 提取元素

50

我将几处最直接的造型问题用红线圈了起来，这几处红圈的部分比较凌乱分散，我们需要将这几处做统一的变化处理。

Ⅱ - 统一笔画

51

将之前比较散乱的部分笔画进行统一处理，调整后的文字间隙分配合理，从整体来看井井有条。

Ⅲ - 整体倾斜

52

将文字整体倾斜偏移，形似坠落的陨石，必定掀起一场降价狂潮。

Ⅳ - 平面效果

53

为了给人以火爆的感受，大促销用到最多的是黄色和红色的经典搭配。

在大部分文字变形中，只要找到变化的规律，给文字进行简单的设计就会有意想不到的收获。其实所有字体变形的方式大同小异，对于还不太熟悉字体变形的朋友来说，如果把握不了太大的变形，就要在细节上多下功夫，慢慢加大变化部分。我们平时要养成多看、多练、多模仿的良好习惯，当我们的理念和实践积累到一定程度的时候，你也将成为下一个优秀的设计师。

对比与重复

01 对比

设计中的对比是指在画面元素中，物与物之间通过比较形成强烈的冲突或截然不同的呈现。对比包括大小、颜色、形状、肌理、虚实、方向、位置等一切可以产生区别的元素。

我们为了使设计的海报在众多广告中出类拔萃，常常借助于运用对比的方式进行设计。对比所产生的效果是真正让人印象深刻的部分，可以使用滤镜来提升图片的对比度；使用黑白效果来呈现最动人心魄的细节；用大小差异化来呈现物与物之间的不同，这些都是对比。对比的合理运用有助于该设计信息的传播及转化。

下面使用几张有代表意义的海报给大家举例说明，让大家先熟悉一下海报中的对比有哪些形式（图 54）。

54

海报中母与子分别在大小、位置上形成了鲜明的对比，形成了强烈的视觉冲击。

无色与有色的对比。

不同空间的对比。

不同色系的强烈对比。

强烈的红绿对比，即对比色对比。这种对比方式使用非常普及，大家都想通过使用对比色的方式吸引观众视觉。

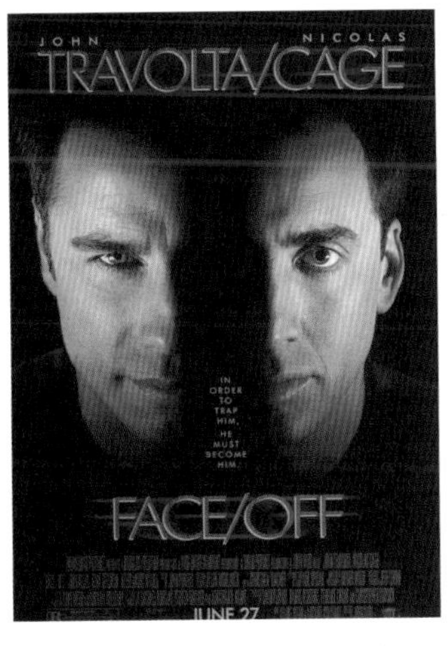

表情的微妙对比，给人留下悬念。

电影中冷暖色温的强烈对比，往往寓意着绝望与希望。

情境的对比，上半部分是战争后温馨平和的温暖画面，而下半部分是在战场上厮杀的残酷画面。

色相的对比，穿大红色晚礼服的女士十分醒目，位置也相对居中。

看了上面那么多精美的电影海报设计，那么我们日常生活中遇到的广告图设计，该怎样利用这些对比的技巧呢？接下来还是以图文结合的形式为大家举例说明。

55

产品的夸张大小对比，会让人觉得这个产品真的很“大”！

56

用强烈的明暗对比，会让人视觉上更加刺激。

57

寒冬中的一点暖色，让人感觉到穿着这身衣服全身温暖。

58

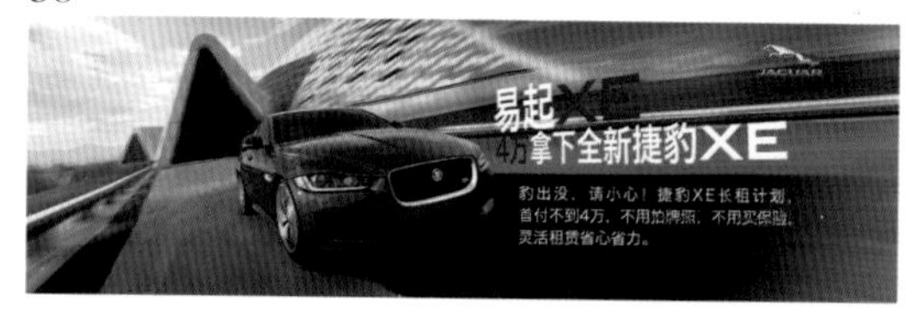

虚实关系在设计中运用十分广泛，我们经常看到汽车或者体育广告会运用到虚实对比关系。

以上列举了一些我们在设计中经常会运用到的对比方式，其实对比的方式还有很多，简言之，对比的目的就是对我们的视觉甚至心灵产生冲击，然后在我们脑海中形成记忆，对比的程度越大我们的印象就越深刻。

02 重复

我们在这里提到的重复，并不是简单地将一个元素复制多次，而是按照一定的规律，在画面中产生连续的变化，这种变化可以是形状、可以是动作，还可以是角度，不过要把握一个原则，就是必须要有规律地进行重复。重复在设计中是不会独立存在的，它通常与对比手法在一起。

重复最重要的一点是要让画面有规律，物与物之间没有规律的重复会让画面显得凌乱，而有规律的重复几乎都会给画面带来很强烈的美感。而且，重复出现的东西还会让你无意识地产生信赖。简单举例就是：在超市里面摆放的大规模陈列产品，井然有序地摆放会让我们心情舒畅，购物欲大增；反之零散摆放的物品，会让我们心情烦躁，并对这家超市不再产生信赖感。

接下来用图文并茂的形式列举一些有重复设计的优秀案例：

59

三叶草标识是三片叶子有规律地重复。

GE 标识是类似波浪形状朝四个不同方向重复旋转。

保时捷标识的盾牌里面出现左右重复的鹿角图案。

腾讯标识由 QQ 企鹅外的三条海浪呈圆形规律地重复。

联通标识由多个弧形重复环绕成为一个传统的中国结。

BlackBerry

黑莓手机标识有 7 颗子弹图形重复排列。

使用有规律的重复方式来设计标识，可以让标识更加规范、有条理性。因此，使用重复的样式来设计标识是十分常见的。

此外，有规律的重复方式在海报广告和网页设计中的使用，也是屡试不爽。接下来，我们选一些比较有代表性的重复案例供大家学习鉴赏。

60

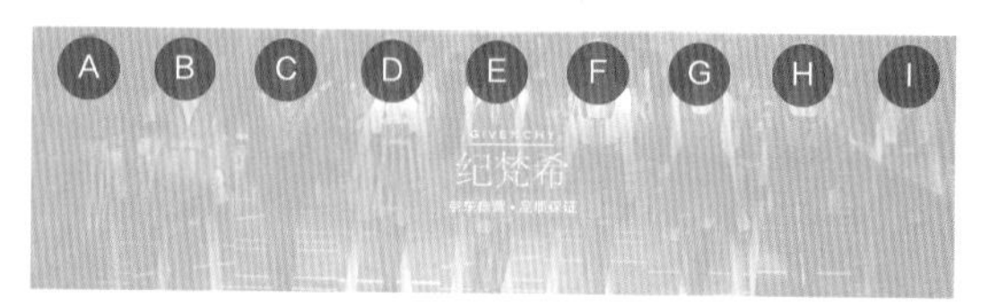

在规律的背景中，模特的样貌和衣着在发生着变化。

61

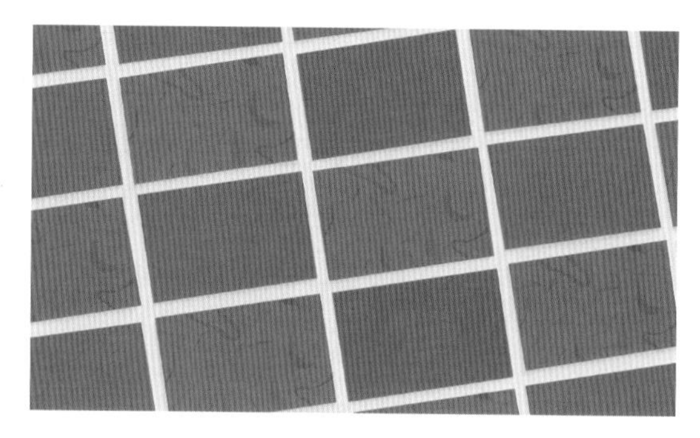

秩序不仅产生动感，而且也产生美感。

62

在规律又重复的背景中，跑车在发生着变化。

63

重复与对比是相对的，画面中的演员重复有序的排列，然而由于高矮、胖瘦及性别的不同形成了不同程度的对比。

64

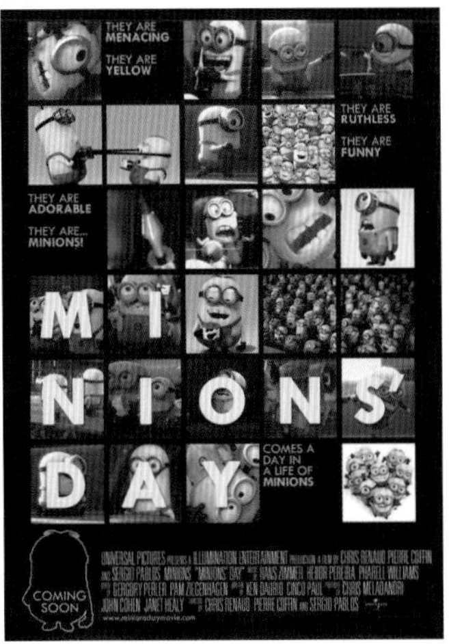

表格的重复排列给不同表情的小黄人打好了框架，增添了统一性与规律性。

65

宇航员与空间重复规律的排列，让整幅画面井然有序，并且逻辑性十分清晰规范。

在设计作品中，也时常看到不少设计师运用重复法则来创作作品（图 66）。

66

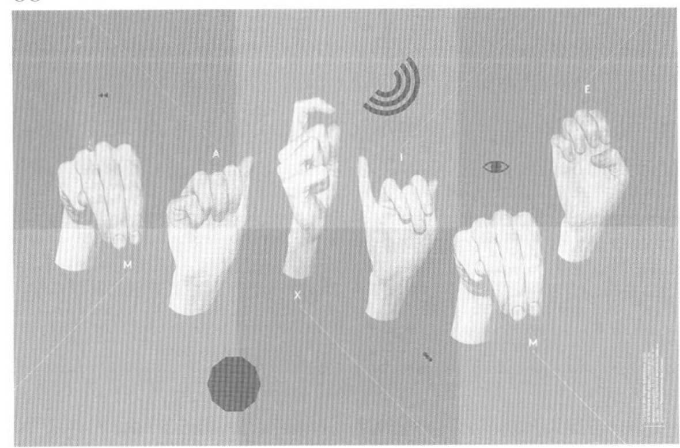

虽然海报里运用手为主要元素，但是不同的手势又形成了对比。

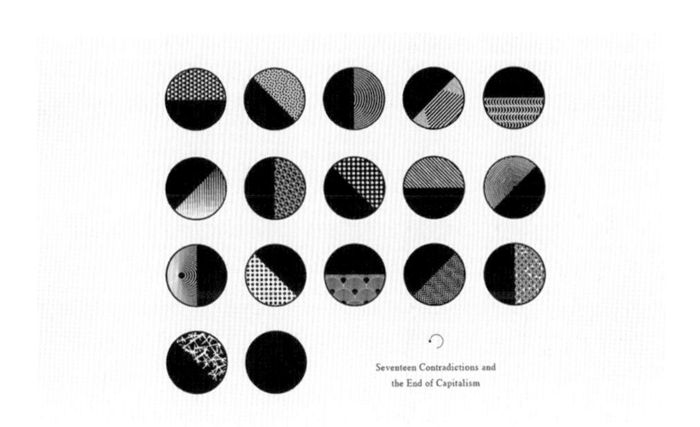

重复排列的圆形图案，既遵循了重复排列的规律性，又让圆与圆之间的图案形成了鲜明对比。

重复地使用西蓝花元素更加强调了蔬菜的美味。

无论是运用对比还是重复的设计方式，我们在设计的时候可以尽可能地夸张些，我们使用这些手法的目的就是为了抓住用户的注意力，用户对你的广告海报感兴趣，点击进去观看甚至购买此类产品，就证明你的海报设计成功了。我们在设计作品的时候，不要被固定思维模式所禁锢，设计过程中要敢于大胆创新，毕竟平庸的设计肯定不会是好作品。所以，在日常的设计思考中，大家可以多去想象那些非日常所见并夸张的东西，随身携带一个笔记本，看到或想到新奇东西时马上记录下来，说不定这将会是你在创作下一个作品的主要设计思路。

本章主要介绍了海报设计的一些基础理论知识及案例欣赏。我们在设计海报的时候，可以把学到的、看到的，并结合自己所想到的创新，对作品做一定程度上的改进、优化甚至是变革。简单来说，就是要多尝试创新，各行各业都是把创新放在首页，更何况是设计这一前沿的行业。由于大家还在一个设计的成长阶段，因此在设计时不能凭空设想，可以多去参考优秀的网站，模仿优秀网页的配色、网页架构、新意样式、字体排版、模特构图等元素。在空闲时间，可以通过多看杂志吸收设计知识，好的杂志有 VOGUE、YOHO、MILK、1626、IDN、I-D 等， 当你看得多了，脑海中的想法就会更多，一旦你设计新项目的时候将会有无数个好的创意点子供你选择。其次，要养成一个日常的收集和积累的好习惯，在上网时看到好的图片、字体、网站、海报等都可以将它们收藏在你的电脑里，或许你收藏的元素就会在下次设计作品时运用进去。最后，也是最重要的一点，就是我们一定要有一个良好的心态，当你的作品被客户否决的时候，不要畏惧失败更不要气馁，永远要保持着对设计的渴望、谦逊和积极的心态。

chapter 7

/

第七章

第七章

风格把控

风格的定义

什么是风格呢？我们在设计类网站上经常看到中式古典风格、欧美前卫风格、韩式简洁细腻风格等，一个网页的风格主要是由它的布局和细节组合而成的，下面还是以图文结合的形式给大家介绍，以便于容易理解和记忆。

如图 1 所示，页面采用了矩形分割的布局，设计师在细节方面处理得当，特别是几个破界的细节设计打破了矩形自有的禁锢形式，在产品和模特的后期处理也相当到位，色彩的搭配进而凸显了产品的高贵与时尚，布局和细节处理得当，就会造就一幅精美的佳作。

我们再来看一幅以插画风格为主的案例（图 2），这张首页是典型的中国风式的风格，无论是用色还是布局形态。这张图例的布局还是以矩形分割为主。现在各大商家都青睐于使用矩形设计风格，毕竟这种布局形式可以列放更多的商品，而且逻辑比较清晰，更有利于设计师的掌握与把控。

1

2

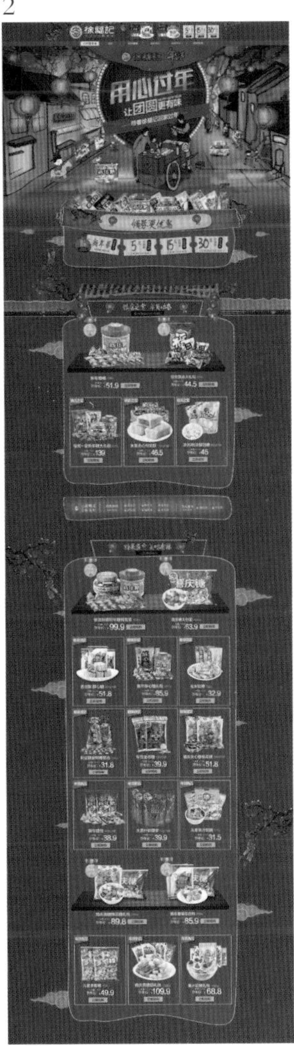

一、找准适合于自己的风格

既然现在知道了什么是首页的风格，那么在我们设计首页前面对这些千变万化的风格时，该如何找到适合自己的风格呢？比如说我们要写一篇文章，题材要求明明是议论文你却写成了散文的形式，那么无论你的文笔再好也是一篇不合格的文章。而电商设计也是如此，我们在设计之前应当考虑好什么样的风格才适合于你的类目，什么样的风格才是你的客户所能接受并赞赏的。

如图 3 所示的两幅图片，两种风格迥然不同，一幅是以卡通热闹风格为主，而另一幅是以奢华时尚风格为主，设计师在很大程度上是根据客户及行业的定位之后再设计制作首页的。

3

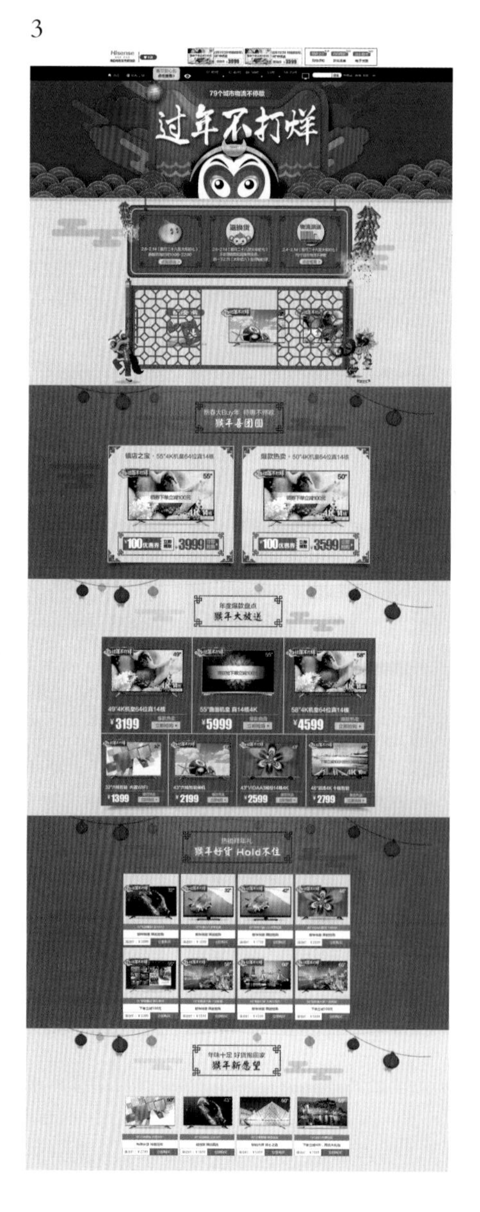

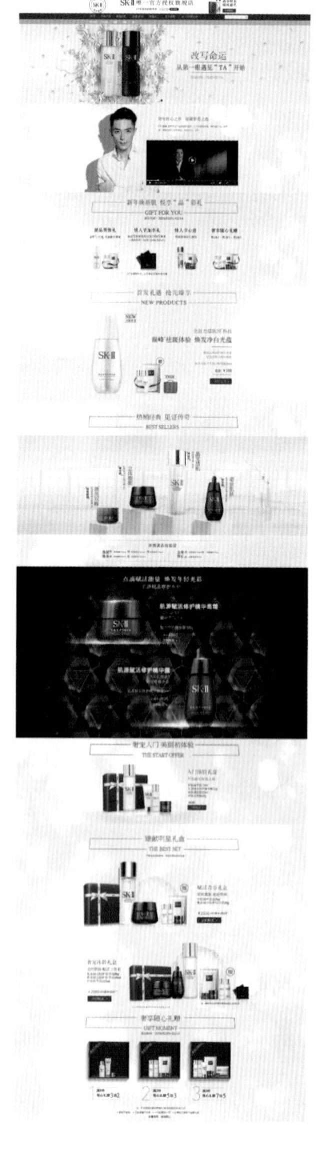

二、同样的风格却出现不同的效果

我们经常看到某些电商平台上，同样的设计方向及类似的设计类别，然而呈现给大家的页面效果却相差甚远，下面我找两个对照给大家参考，在这里，我要先向仅仅是“我自认为”较为一般的首页设计者做出诚挚的道歉，毕竟大家认可的才是最好的。

同样都是销售衣物的电商平台，图 4 所示就明确地凸显出自己的风格特色，颜色搭配与产品处理十分合理。而图 5 所示就毫无风格可言，而且产品的排列杂乱无章，看起来毫无购物欲望。那么是什么使得两幅作品拉开如此大的差距呢？我是这么理解的：

一幅作品的精美程度可以通过整体与细节细致入微的调试后表现出来。电商首页实际上是由布局＋色彩＋元素构成的，布局决定了页面的视觉效果，色彩决定了大致风格，而元素决定了首页的成败。元素就是我们常说的细节，当我们设计好了首页的布局和色系之后，发现还有局部欠佳，这时候出现的问题多半是细节上的，一个恰当到位的光效、字体或者渐变的改变也许会让你的首页瞬间提档不少。

接下来给大家详细讲解一下如何选择风格并把控风格。

4

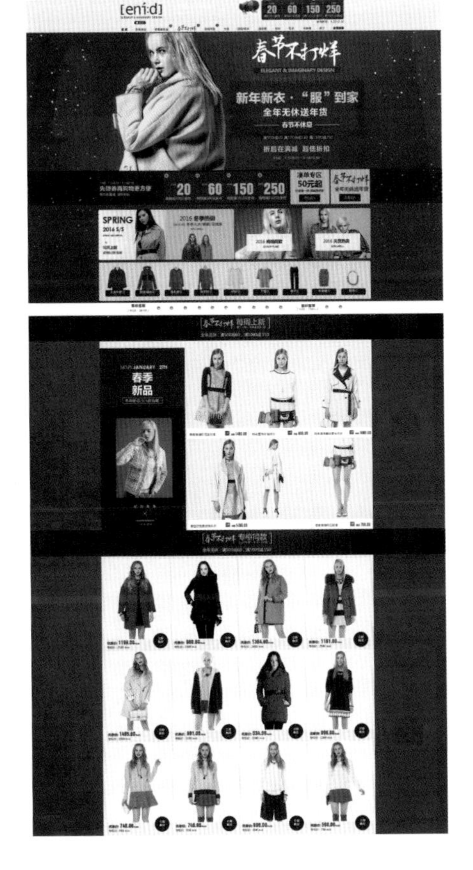

5

选择风格

或许大家并没有特别直接地感觉到那些高端设计师笔下的创作，更无法体会到他们是如何塑造自己的风格。实际上风格代表了店铺的整体形象，所谓风格，是指人类试图通过明确的并具有普遍性特征来确定一种物件，从而传达它所包含所有元素的概念，它的客观性使之成为经典。我们将风格一词贯穿于首页中，就应该这么理解：我们可以通过一种较容易被大众接受的设计手法，让你的这种设计手法去造就你这个店铺的经典。

一、民族服饰风格

民族服饰风格的代表网站还有很多，如初语、素缕、茵曼、素萝、裂帛等。我选择了较受人欢迎的素缕店铺首页进行展示解说（图 6），首先页面多次被设计师使用中式的剪纸古典元素，其次民族服饰还有一大特征就是摄影的手法及模特气质的选择，所以民族服饰的首页由三方面组合而成，即复古的场景设计、具有古典气质的模特、写真式的服装摄影，最后再多参考一些优秀的日式排版，日本设计师在排版上很有考究，给大家推荐一本由日本作者伊达千代编写的《版面设计的原理》，大家可以从中学习到版式排版的理论与技巧。日式的很多传统设计是很适合于民族风格的设计者们学习效仿的，可以借鉴他们的风格用色、文案排版、场景嵌入及字体处理等。

6

二、韩版服饰风格

图 7 所示为两幅具有代表性的韩版服饰店铺形象设计，韩版服饰在前几年的时候风靡一时，他们装修店铺的特点就是无论男或女模特均长着一副韩国标准脸。装修风格一般会采用以清淡颜

7

色为主，就是我们以前说的小清新风格或是韩式主流装修风格，由于它的简洁性以至于省略了不少点缀的元素，如花瓣飞舞、斜面动感模糊等惯用的点缀手法。

三、金色系成为主流

由于设计手法多元化，金色系逐渐被更多观众接受，拉芳的设计师就将金色运用得淋漓尽致（图 8）。首页看起来十分高端大气上档次。特别是海报图背景如丝般的绸带似乎在轻微地飘动，与前面蓝色、芬兰绿色的洗发水形成鲜明的对比色，因为该首页细致入微的精雕细琢让我瞬间记住了这个品牌。我推崇拉芳首页的主要理由是他们对于品牌的塑造力及对于风格的把控力很到位。我们设计首页的主要目的实际上就是为了让我们的受众群体能够记住你，愿意在你店浏览商品并购买消费。风格就像我们设计 VI 识别系统，一旦确定了颜色和标识，即使设计同项目的其他物品时也要坚定地使用我们确定好的色系和标识，做到风格和谐统一。

8

四、以特效烘托场景

如图 9 所示，这两种不一样的设计方式，让我印象深刻。众所周知，我们总是会对新奇的事物比较感兴趣并且愿意多花精力去挖掘它们。酷开和优丹姆就走出了属于自己风格的一条路。当然，这也离不开它们自身的产品质量优势，从而让它们拥有了自己顾客群所认可的口碑，就像拉芳一样能够轻易地让顾客耳熟能详，高端的设计＋放心的产品＝销售。

9

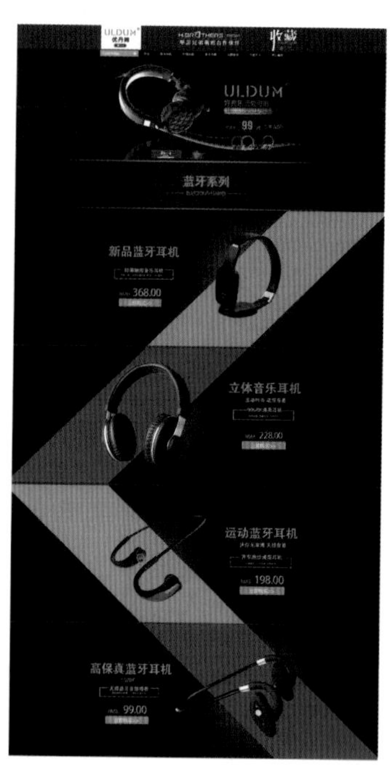

五、特效风格特征

如图 10 所示，它们是各个生活及电器类首页展示，这些店铺就不一一详说了。你是否会觉得这些页面的整体效果都处理得很棒？它们的设计风格也就是我们上部分提到的特效风格，特效风格最大的特征就是在海报图上面恰当地运用光效进行装饰点缀，你可以在产品上面或者文字上面加入光效以增加页面特效。如果你觉得仅靠光效点缀所起到的作用还不够，那么还可以利用动感模糊效果做出一些飘零的效果，增加页面的既视动感。因此，特效风格主要由以下几种元素构成，即荡气回肠的布局、充满灵性的光效、动人心弦的文案。由于首页风格类别众多，在此就不再赘述。今后你设计某行业的首页之前，如果你不清楚该选用什么样的风格去设计，那么可以多去淘宝、天猫、京东等知名电商网站上面去参考相应行业的优秀作品，从中获取灵感并熟悉相关套路，你每次设计作品前都试用这种方法，久而久之便形成了一种习惯，无论今后你接到任何行业的新任务，都能够应对自如。

10

MERRILL
多功能守护爱车
智能监测 高清夜视
TRAVELING DATA RECORDER
分类列表
1
2
3
4
5
CLICK TO ENTER
绝佳新品 强势登场
APPLE
F2701
目录下载 软件升级
APPLE
F2701
APPLE
F2701
APPLE
F2701
倒车可视 后顾无忧

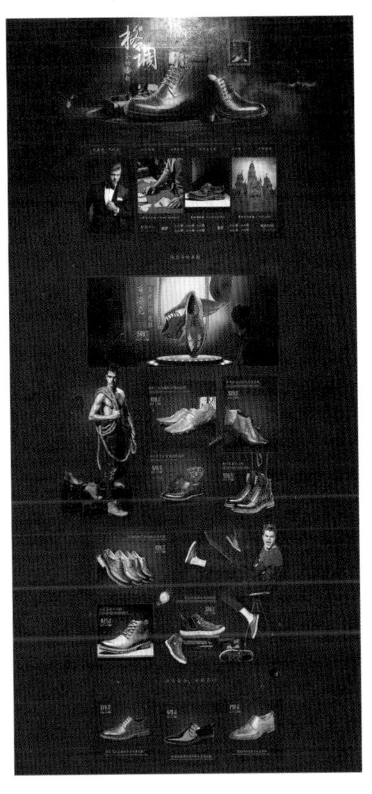

CREATIVE
JEPSEN
JEPSEN
NEW RELEASE

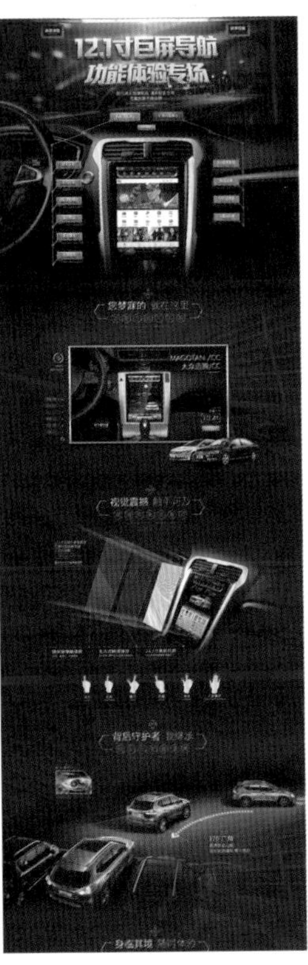
12.1寸巨屏导航
功能体验专场

送礼新经典
利是滚滚来
10
20
50
100
红运滚滚套餐系列
GaLa

准确把控风格

前一节给大家介绍了如何选取风格并明确自己的设计方向，给大家讲解一下如何把控风格。我们在做设计的时候，特别是刚入行没多久的设计师会经常接到客户这样的评价：不够大气、不上档次、页面凌乱、没有质感、整体不统一等负面的回应。这是由于你在设计页面的时候还没有把控风格的能力，做设计就好比一场音乐会，你作为指挥家，想要整个乐队鸣奏出整齐且动人心弦的音乐，你就要让整体风格在你的节奏里面，而不是你走到了风格的节奏里面。风格其实就是由各元素构成，一旦掌握了元素的合理使用，也就掌握好了风格的走向。

风格把控的细节元素有很多种，我们先来了解字体把控。

一、文字细节把控

11

→

既大气又很好掌握的排版方式（图 11）就是文字居中对齐样式，并在文字中间穿插一些具有代表性的元素符号。此类对齐方式对于文案的设计处理、创意性等操作性并不高，非常适合于刚入行的新人学习使用。

12

当你采用渐变或者描边手法为文字装饰时，一定要注意好文字细节处理（图 12）。文字渐变叠加是很多设计师没有重视的环节，或者说掌握起来比较有难度，一个好的文字渐变特效可以让初始文字不需要变形装饰也能光彩夺目。

二、文字光影光效

13

14

光效固然闪耀，然而不能随意胡乱添加。

如图 13 所示，文字上随意添加的光效不仅没有增加画面的亮点，反而加强了挫败感，在这个页面上，光点显得多余而烦躁，是一个画蛇添足的败例。我们再来看图 14，这三道光束也不是太考究，随意地摆放在了“度”字中间，缺乏力度的光束和毫无逻辑的摆放位置，就好似为了添加光效而添加，显得很不自然。

当你要给产品添加光影或者给字体添加炫光的时候，一定要掌握一些基本光效规律:

❶ 这张页面是否一定需要加光效，这个光效的源头是从哪里发出来的，光效是属于反射光还是自然光?

❷ 这束光出现后会照射到哪里，照射面又是在哪里?

❸ 光效的亮度应该调整到多少才会适可而止?

❹ 页面是否非添加光效不可，加入光效后是否对整幅页面提升档次?

我们再来欣赏一些光效运用得恰到好处的案例（图 15）。

15

三、产品的质感

质感，实际上就是某一个物质自身所富有的特性，并能给予人最直观的感受。优质的质感能将这个物质最好的一面给你展现出来，让你有最直观的感受，引起消费者的购买欲望（图 16）；而劣质的质感则为之相反，无法将这个物质最好的一面给你展现出来，让该物质失去了自身的光泽因而无人问津。

16

17

如图 17 所示，无论产品是皮质、金属、玻璃、橡胶等任何一种材料，实际上它都有自己的质感，质感会让你的产品更具有视觉冲击力，更易从众多同类产品中脱颖而出。设计师需要做到的就是尽可能地让产品的材质感觉更好，在处理产品图片时，最好的质感效果是略带模糊效果的亚光而非镜面的折射光，也就是我们常说的“低调的奢华”（图 18）。

18

其实，还有一个细节很容易被大家忽略，就是光影特效。有光就有影，光影同样重要。如果阴影设计得不够完美，那么观看你作品的人总会觉得缺少点什么。阴影要倾向于真实写照，需要设计师有一定的思维空间能力。你在设计光影前，先要思考一下如果光束投射在这个产品上，阴影会是什么样的，是否合乎我们日常肉眼观察到的实景。如果觉得设计好的阴影有悖于常理，那么你就应该停下来从各个角度想象一下该如何表现阴影才会让产品更加自然。优秀阴影特效如图 19 所示。

我们在设计阴影的时候，在暗影部分尽量不要使用纯黑色，应该与周围的环境色一致，比如图 19 所示的黄色系图片，背景色是纯黄色，那么阴影部分就应该是暗黄色，这样看起来比较自然和美观。所以，我们在设计阴影的时候，一定要遵循光与影的原则，先有光，再有影，光的走向决定了阴影的延伸角度。

19

总结：

在这四节里，我将首页的设计思路及构图理念向大家阐述并选图举例，希望能对查阅后的读者有所帮助并能引以致用。理论是我们学习的基础，关键还得通过你们自身的勤学苦练，自我总结，才能使自己的能力真正地得到提高。

— Chapter 8

The use of blank

留白的运用

chapter 8

/

第八章

第八章

留白的运用

留白的定义

1

学习了基本版式的几种分类，我们再去了解一下排版中需要注意的两个问题。

首先，版式该如何选择。当你接到客户的需求而无从下手的时候，可以参考上一节所提到的几种排版方式，画过素描的人都比较清楚，大的方向性（结构轮廓）找准了，然后再去雕琢细节（上色、明暗调整），最后整体修饰完善。我们设计海报，在不同的情况下可以应用不同的版式，而所谓不同的情况无非就是字少图少、字少图多、字多图少、字多图多、字图均衡。

其次，版式该如何运用。版式是一种缥缈的艺术，理论形式虽然固定、规范，但表现手法可以是多种多样。当你做了一段时间的设计，自己思维里面已经有了一套纯熟的设计手法，那么无论怎么排版都合理、顺畅，但如果你只是刚开始熟悉设计的一个阶段，最好还是严格遵守排版中的规则——留白。

适合于留白的几种场景

许多设计大师就留白这一理论不知道发表过多少长篇大论，对留白进行详解和分析，大部分谈的都比较宏观，大多数跟意境挂钩。

01 留白并不是留出的空间是白色，事实上留白的真正含义是留出空间

背景可以是白色，也可以是黑色或者其他任意色系，也可以是没有过度装饰的弱化背景图片。其实留白无处不在，它的定义就是使整体看起来属于简洁、大方的设计风格。留白经典广告如图 2 所示。

2

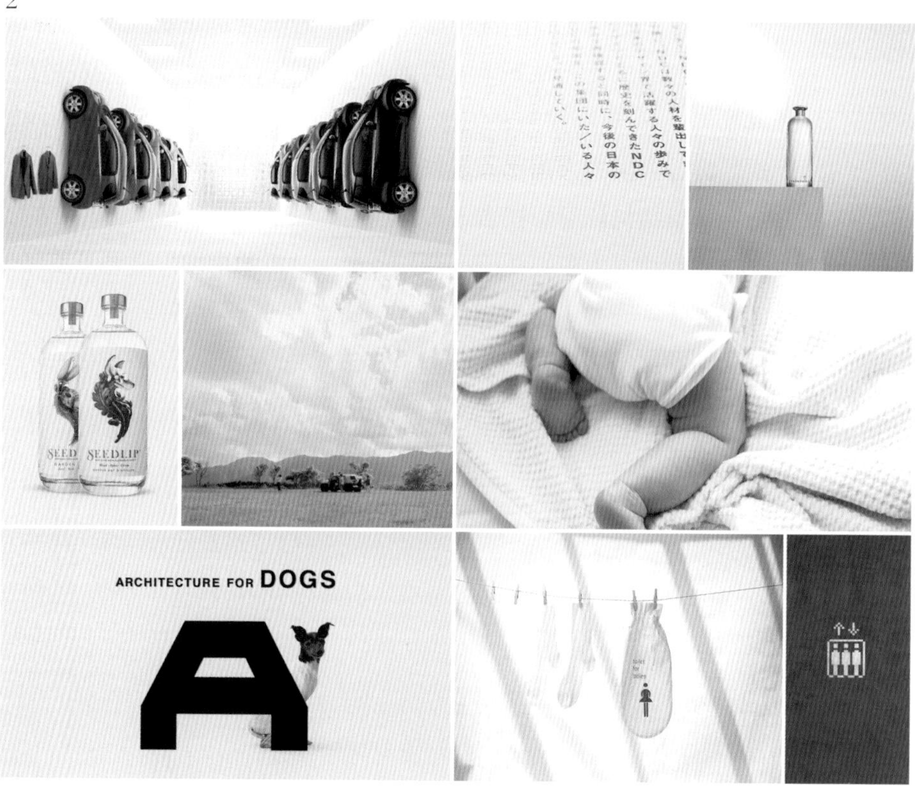

02 留白并非适合于所有场景的设计

下面列举三种与留白形成强烈反差的情境：节日设计、促销设计、气氛烘托。

一、节日设计

中国的节日往往是以热闹、喜庆为基调，往下展开设计（图 3）。而留白则是传递给人安静、高雅的气质，如果将动与静结合在一起，那么什么风格也不是，必然会引起冲突。

3

二、促销设计

促销设计与节日设计比较类似，为了吸引观众的眼球，需要更多地向人们传递热闹与实惠的基调。所以，在设计促销类海报时尽可能将它设计得热闹、愉悦即可（图 4）。

4

三、气氛烘托

留白带给人的情感太少，只能向人传递出高雅、精致、文艺、轻松、高端等较安静的气质，所以当我们的项目需要烘托一定气氛的时候，留白这样的气质是做不到的（图 5）。

5

那么该怎么样去理解和运用留白呢?

6

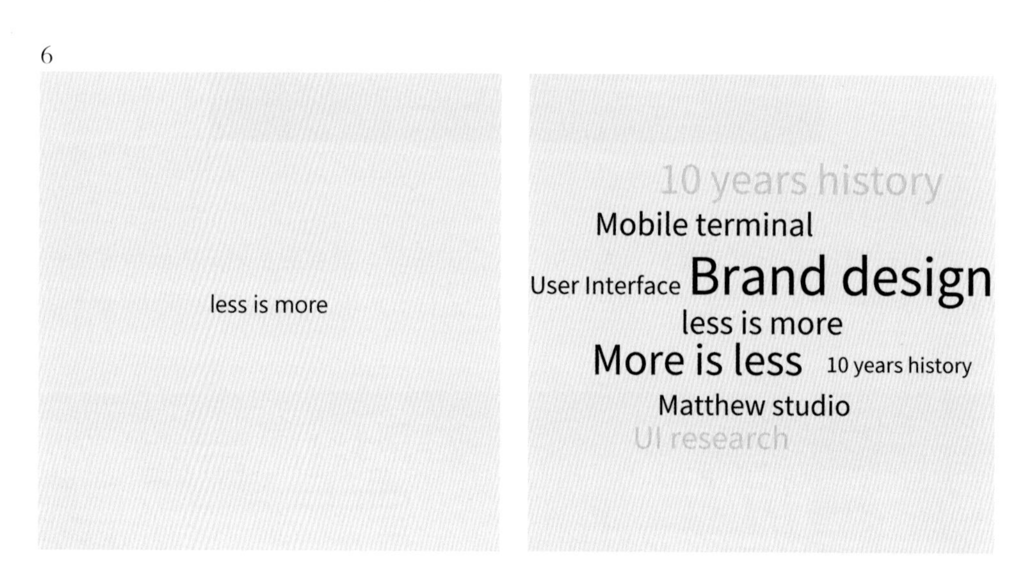

如图 6 所示，左图这句英文这么小，但是我们仍然可以在 0.5 秒之内看到并读完它。我们再看右图，我将“less is more”字号放大了，却很难看到它的存在，即使看到也很费劲。

“less is more”是 20 世纪 30 年代著名的建筑师路德维希•密斯•凡德罗说过的一句话，意思是“少即多”。这是一种提倡简单，反对过度装饰的设计理念。简单的东西往往带给人们更多的享受。

也许你在很多文章，很多场合，甚至很多大师口里无数次听到这个词。但是很多人对它并没有深刻的理解。

留白的目的实际上就是为了让主体更加明确、清晰。让配角逐步淡化，甚至消失。所以图 6 左侧图片的字母中虽然主角很小，可是没有配角，这样整幅画面就只能够凸显它的重要性了。

留白的**目的性**：

Ⅰ - 页面简洁、大气

留白是为了让页面简洁，突出重点，弱化不必要的辅助元素。并不是说页面设计得饱满不好，要分场合定位设计，比如在超市购物，看到这样一张宣传单（图 7）。是不是会让你感觉到很亲民呢？一种廉价的感觉油然而生，这种打折的宣传单就需要设计得花哨、种类繁多，才易于被广大老年朋友所接受。所以我们做设计要根据市场营销及产品的定位去延伸。

我们看到的留白绝大多数是出自于比较精美的产品页面（图 8）。

7

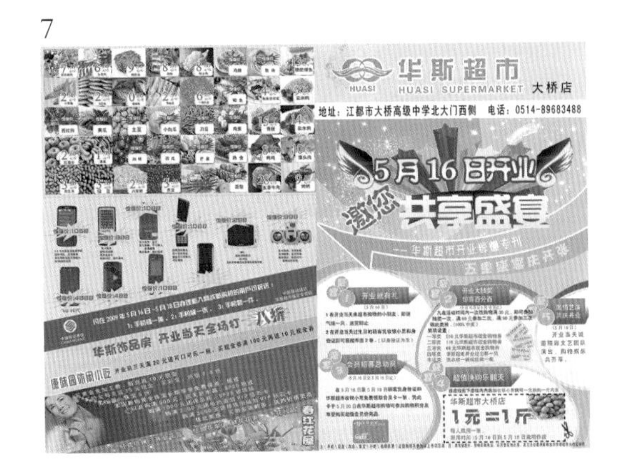

8

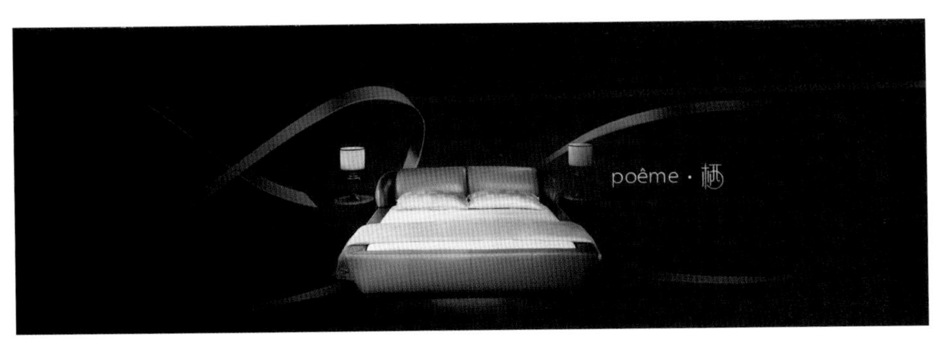

留白的文案信息非常清晰，可高效地传达到用户的脑海中。相反，如果是娱乐性的网页，信息则越多越有趣，让你在娱乐中不断地去探寻新的线索（图 9）。

9

因此，我们不能直截了当地说留白是好还是不好，这个需要根据你的产品需求去制定页面的留白比例。

下面再来看一个例子。

10

11

如图 10 所示，这是我为一位作者设计的图书封面。如果我将封面大面积地留白，如图 11 所示，单一的排版虽然更容易得到该书的相关信息，书名、作者和书店一览无遗，读者可以更快捷地阅读完封面文案信息。但在极度简化之后，相对失去了该书的深度与内涵。调整之后的留白案例与作者所要求的具有一定高度、具有文化内涵的散文集题材相差甚远。因此，在设计作品前若要进行简化，先要考虑品牌本身的调性。

Ⅱ - 留白是为了突出主题、弱化无关成分

你从图 12 所示的浩瀚宇宙中能看到什么，一颗卫星？问题是我已将整块背景设置成了深蓝色，而且背景所占面积又是如此的宽泛，背景面积甚至达到了 90% 以上，而你却没有在第一时间看到它。为了突出卫星的存在，故意将它设计得很小，只需将它周围留出足够大的空间范围即可，这就达到了留白的目的。因此，越多的留白，主体被关注的概率会更大。

12

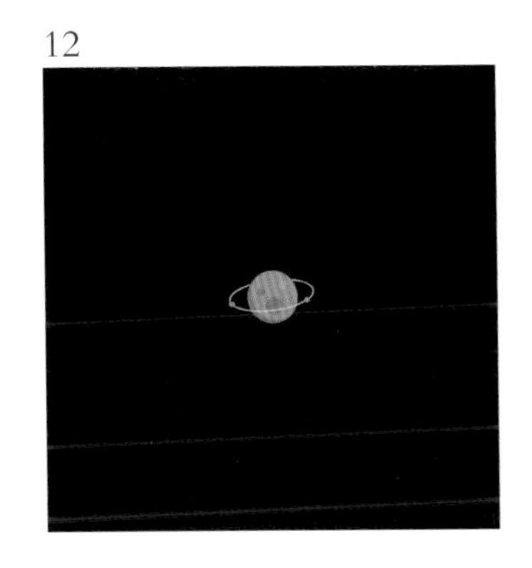

13

图 13 所示的无印良品海报同样也是这个原理，明明有美丽又吸引人的风景，却不是我们第一关注的对象，反而是小得刚好能认清楚字的主题。有些设计师总是想尽办法在画面上摆放更多的信息，好像放多少用户就能记住多少，事实恰恰相反。绝大多数用户只是想用最短的时间就最大化地了解该产品的一些关键性能和效用，除非他已成为你产品的粉丝，你无论说多少他也会很有兴趣地往下继续看。

如果想用留白的技法来设计一个画面，就先要明白少就是多的原理，元素越少，人的视觉就越集中，而不会被其它无用的元素给干扰。所以，不要认为在画面中放置越多的元素就越能将作品设计得更好。

因此，我们可以这样定义：留白是为了更好地突出主题。

再来看个例子。

14

在图 14 所示的两幅图片中，左侧是一张塞满各种型号并在马路上奔跑的汽车图片，其次还有马路、树木、电线杆等烦琐附加物。而右图简洁明了，就是一辆豪华汽车矗立在画面正中，彰显奢华风范。谁更突出主题则是一目了然。左侧图片确实不知道谁是主角，好像谁都是主角，突出的重点不少，实际上就等于是没有重点。这就是一个典型的“less is more”的范例。同时，留白也使画面的空间感得到了极大的增强，留白越大，空间越广阔。右侧图片就给我们很宽敞的感觉，而左侧图片看久了让人感觉呼吸都有些不太顺畅了。留白的呼吸属性我们可以想象成周围的空气，当空气中的颗粒物（素材）特别多时，人的呼吸系统也会受到一定程度的影响。因此，缩小主体的面积，会让我们感觉到周围留白的面积更大，空间感自然就更强。

Ⅲ - 留白是一种自信的体现，凸显产品的高端品质感

经常上网的人会留意到，比如 LV、爱马仕等高端产品界面都是大量地使用了留白的设计手法，因为人家对自己的产品足够自信，无论从哪个角度、某一处细节都是体现高端的品质感，同时这也是企业对自身产品一种自信的表现（图 15）。

较大的留白，奢侈手表典范劳力士足以配得上皇冠的称号，自信地告诉你，劳力士就是冠军品质。

我们再来看几个非留白的案例，大家可以对比一下他们产品的营销模式，希望今后在创作过程中可以更快地找准相应的设计套路。

如图 16 所示，图中几乎没有留白，热闹花哨的气氛是普通老百姓最喜欢、最亲民的设计手法，这是人人都能够消费得起的普通消费品。

如图 17 所示，图中也是几乎没有留白，设计师用各种合成效果进行装饰花露水，不热闹非好货，3 瓶才 33 元，还买二送一。

15

蚝式恒动
SKY-DWELLER
COLOR BLOSSOM

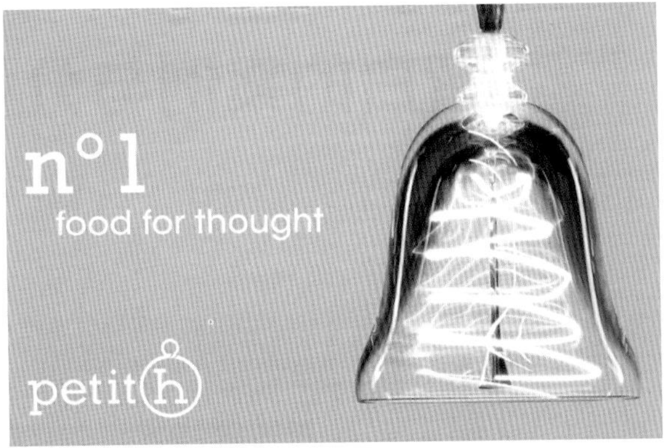
n°1
food for thought
petit h

16

婴儿专用18包*132抽*3层
领券再减5元
前5分钟
买即送婴儿方巾
12包
抢
聚划算
8月15日-00:00开团
量贩团

17

经典传承
清凉舒爽
六神经典花露水195ML*3
¥33.00
立即抢购
六神
花露水

留白的案例与分析

接下来看几组案例，同时分析一下它们的留白方式及创作思路。

Ⅰ - 苹果（http://www.apple.com/cn）

18

一说到留白，不得不提到苹果，它是电子产品的典范（图 18）。Banner 除了中间产品和简短的广告语，就没有任何装饰，就连浅灰底也忽略了。如果没有精致的产品图片作为主体物，是不会有足够的自信这样排版的。文字和产品的居中也让我们的视觉聚焦在中路，因此这样的留白设计毫无挑剔可言。

19

Ⅱ - 无印良品 （http://www.muji.com.cn）

无印良品的留白也成了经典设计，它的设计风格也受到广大消费者的青睐。我们看到它的官网设计风格更倾向于平民化（图 19）。这和走高端路线产品风格似乎不太吻合，准确来说无印良品应该是中高端产品的代表作。为什么无印良品同样也运用了留白的风格进行设计，而没有苹果那种高端的感受呢？我们分析下具体原因：

❶ 海报字体过于粗大，高端的产品不会将字体放粗放大，越显眼的字体越是比较容易带来促销的感受。

❷ 配色过多，第一屏我就看到有浅蓝色、深红色、米黄色等颜色。

❸ 产品图小于字体的尺寸，对产品不是太自信。一条内裤即使你放再大做工再细，也只是条内裤（镶钻奢侈品除外）。所以，留白只是为了突出主文案或主产品，让该海报达到“less is more”的效果，并不是留白的设计就一定高端。

20

Ⅲ - 锤子手机 （http://www.smartisan.com/#/home）

如图 20 所示，锤子手机的设计师也尝试着用留白的手法设计完整套网站界面，可是为什么我总觉得它不是那么的高端呢？我们来分析一下就不难界定高端的问题了。

❶ 这么大一张海报，而我第一眼看到的是它的价格，再醒目点就成了促销海报了。

❷ 虽然颜色并不多，黑色是中性色，实际上只有红色为主色系，可是为什么这种红特别的刺眼，而且价格的字体还加粗了。

❸ 导航栏上面的黑色用了一块死黑（#000000），这种黑色尽量少用，加点环境色或者 90%的黑即可。

❹ 产品的摆放过于四平八稳，缺少灵性，稍微显得死板。

我提到的这几点问题虽然可以让它更加高端，但是也许该网站的定位就是面向大众消费者，也有可能他们的营销模式就是亲民化。如果真要走亲民化路线，是否可以考虑再多使用 1-2 种颜色，比如金色，把这种促销的气氛表达得更加强烈一点，好让消费者在一种比较愉悦的氛围里购买产品。

Ⅳ - 日本 Kinusara 米酒网站（http://www.kinusara.jp）

21

如图 21 所示，Kinusara 米酒网站的风格类似于无印良品的留白风格设计，既亲民化又不是廉价产品，感兴趣的朋友可以打开网站观看该站的设计，官网上将产品放大，周围仅出现了若隐若现的白色丝绸加以点缀，似乎也有意告诉大家 Kinusara 米酒喝进去的感受如丝绸一般纯净、顺滑。

Ⅴ - 懒人装修（http://www.lazyman.life）

如图 22 所示，懒人装修官网是我设计的一个项目，客户经营范围主要是在互联网上承接室内设计，突破了仅仅靠线下开拓业务渠道的瓶颈。该客户的定位是亲民，做大家消费得起的装修。我整套网站使用了留白的设计手法，让用户可以更轻松地浏览网页的主体内容，如果仅仅靠一些文字和图片的堆叠排放，我相信是没有几个用户会有兴趣坚持浏览完一页烦琐的界面。

总之，大家在使用留白设计手法时，要明白其中的设计原理。留白，无疑就是通过“less is more”来凸显主体的方式。但是并非任何的设计都适用于它，要根据市场的定位、目标人群的分类及产品营销方案来判别它，我们 UI 设计的职务就是为了给客户创造商业价值，在你不知道该用何种风格来给客户设计案子的时候，可以多与客户沟通，沟通是解决问题最大、最有效的良药。

22

lazyman

懒人装修

与他们一起，只为成就无数家

Nature　SIEMENS　多乐士　AUPU

Nature　SIEMENS　多乐士　AUPU

Are you ready?

准备好迎接你的新家了吗

定位

我们的定位一目了然

山西首家互联网装修

因为懒，卡尔本茨发明了汽车

因为懒，莱特兄弟制造出了飞机

[illegible]

699 元/平米　119 元/平米

30天　699元/㎡　18项

优势 · 承诺

一诺千金，一心为你

先施工后付款

[illegible]

1对1上门服务

[illegible]

0增项，8不限

[illegible]

优势 · 诚意

当免费与诚意相融，是幸福感

5大费用全免

[illegible]

6大人性化设计

[illegible]

— Chapter 9

Clever use of circular

巧妙运用圆形

chapter 9
/
第九章

第九章

巧妙运用圆形

第一节 圆形的定义

01 圆形的视觉特征

02 圆形的表现手法

第二节 颜色、材质对比

第三节 圆形元素在界面设计中的规范运用

01 圆形的聚焦功能

02 圆形轮廓图标

03 圆形与方形的巧妙结合

圆形的定义

概述：

圆形是一种特殊的形状，它能够在众多几何形状中被我们快速地注意到。圆形元素在详情页的设计中被广泛运用，从常见的圆形功能介绍到圆形的人物头像，抑或是其他带圆形轮廓形状的物体。本章将讲解圆形在详情页或其他页面进行排版时的灵活运用。

01 圆形的视觉特征

1

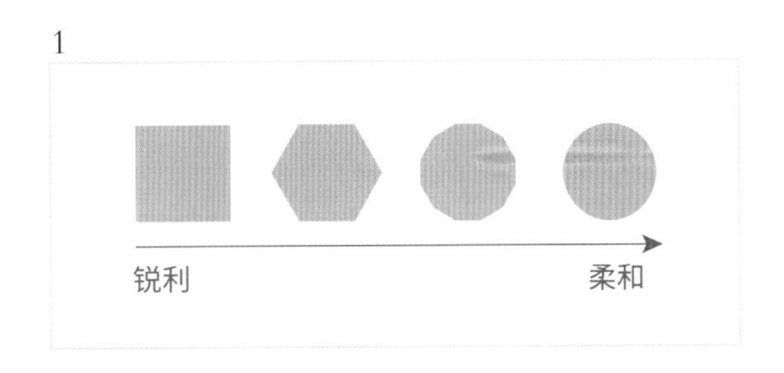

圆与方就像太极中的阴与阳，相生相克，而又生生不息。巧妙地将圆形与方形进行结合，能够让页面变得生动活泼的同时，也能够更好地引导顾客浏览店铺。圆形相对于方形，更加的柔和、更加的聚焦，所以我们常常将圆形元素使用在需要集中视线的图片中。我们先看一下方形是如何演变为圆形，它们之间又会存在着什么样的联系与分割（图 1）。

回归到圆形和方形的基本特征，区别如下。

圆形：动、曲线、运动、灵动、流动

方形：静、直线、规则、严肃、理性

圆形和方形相比较而言，显得要灵动很多，不至于那么呆板、严肃。就因为如此特性，才会有很多的设计师在详情页中频繁地使用圆形元素。

02 圆形的表现手法

圆形的表现方式有很多类型，下面来看哪些组合样式是经常被我们引以自用的（图 2）。

2

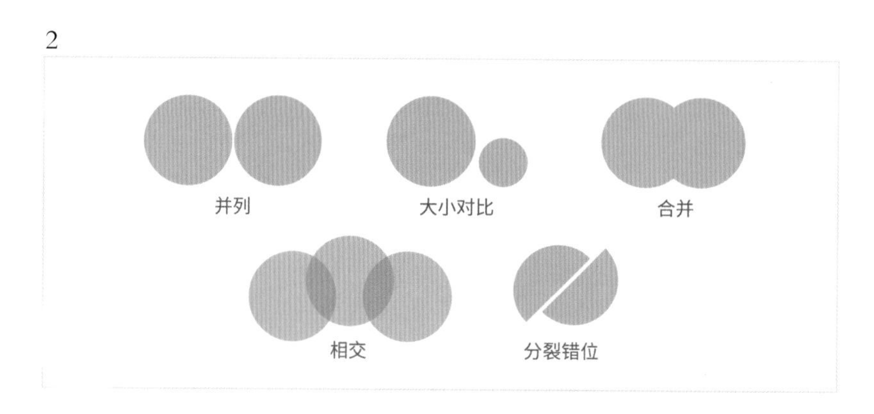

为何圆形能够使图片在方形页面中脱颖而出，不觉得有圆形的图片在页面中非常突出抢眼吗？原因很简单。因为电脑屏幕大多是方形的，界面中的大多数元素也是方形或者线性的，这时候用少量的圆形，自然在界面中形成焦点，这一点在后面的分析中还会讲到。

接下来，我将用图例的形式列举一些在详情页中圆形元素运用得当的案例。

一、大小对比

大小对比就是将其中个别圆形图案设计得更加引人注目，其余较弱化的圆形就成了它的陪衬，因此它们之间形成了某种相互对应的特殊关系，我们就将这种关系称之为大小对比。大小对比分为环绕对比、纵向对比、横向对比、不规则对比等对比形式。接下来给大家介绍关于大小对比的几种常见方式。

Ⅰ - 环绕对比

如图 3 所示，这是我们最常见到的一种大小对比环绕排版方式。以大圆为中心，小圆围绕它一周或是半周，小圆的后面是详细文案。这种排版方式大家都会，而且多多少少也都设计过类似的版式。然而我们是否运用得当，我们又该如何让产品通过圆形大小对比的方式更好地得以展现呢？

先来看几个优秀的大小对比图例：

3

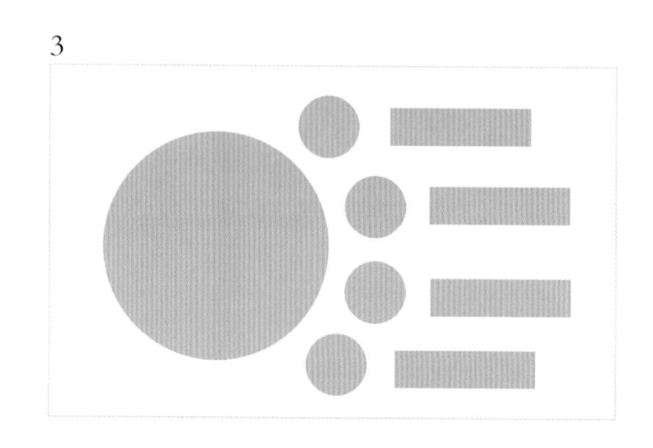

4

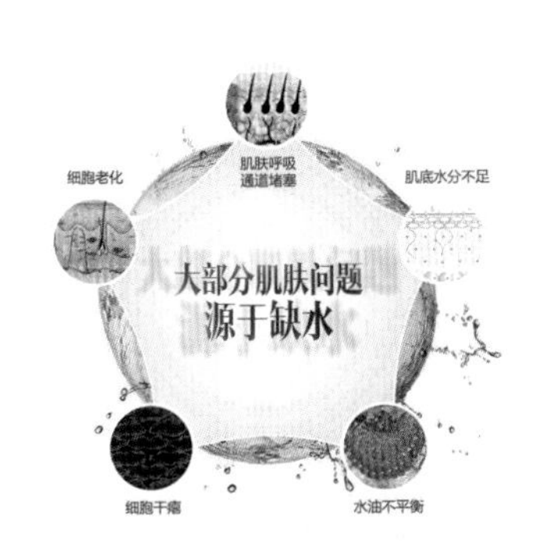

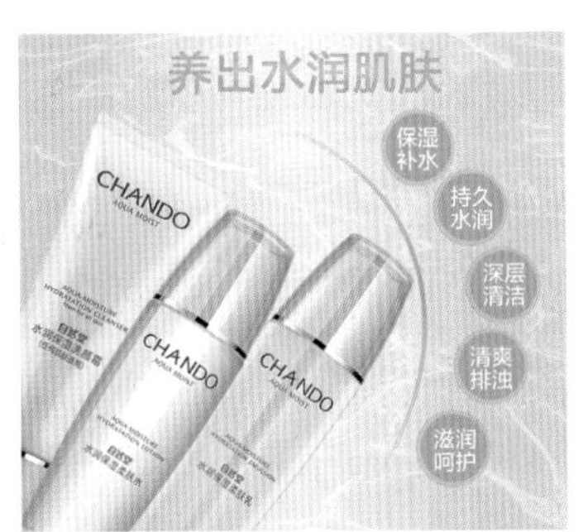

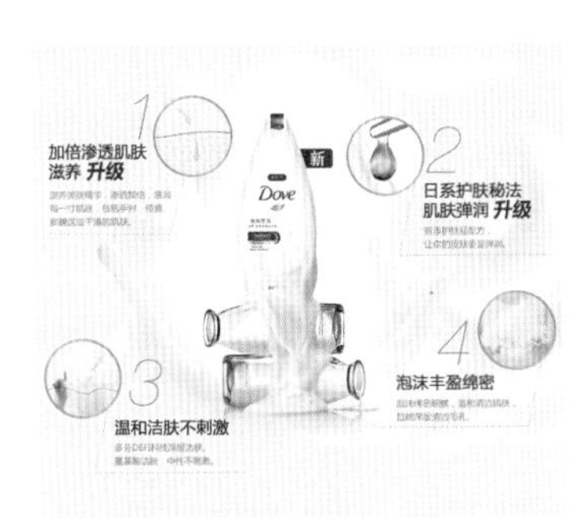

通过图 4 所示的几张图例，看到了环绕对比的一些固有规律，大多数情况下会用于详情页中介绍产品的性能、分类等方面。这种对比方式在详情页设计中运用得比较频繁，然而并非人人都能运用得好，所以大家可以尝试一下该如何将打乱的元素重新排列组合后，既能保证产品功能的逻辑顺畅，又能将消费者的目光聚焦吸引在图片中。

Ⅱ - 纵向对比

在大小对比中圆形运营得比较频繁的表现方式还有纵向对比（图 5）。顾名思义，纵向对比是指主要图案将以大小不一的圆形竖向排列。这种排列方式的优势就是能够无形地帮助你掌握好视觉平衡的技法，观众自然而然地将目光聚焦在中间区域浏览观赏，而不会出现视觉散乱的问题。

我们再来看一些优秀的纵向对比案例（图 6）。

5

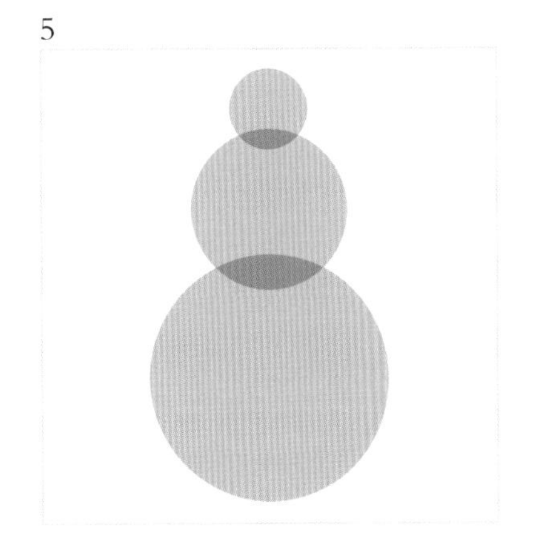

6

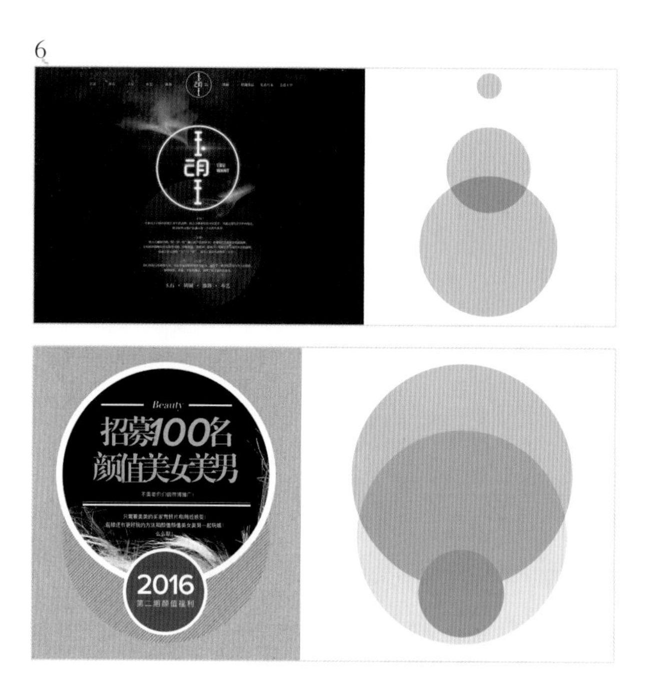

Ⅲ - 横向对比

7

横向对比是指主要图案以大小不一的圆形横向排列（图 7）。横向对比可以是两个或者更多的圆形进行水平大小对比，图案中较大的圆形主要适用于强调一些产品的主要功能，能够通过大小对比的方式更快地捕捉观众的眼球。当然，设计师一般都将中间的圆形设计得更为显著，这样就可以更好地掌握整幅画面的平衡关系（图 8）。

8

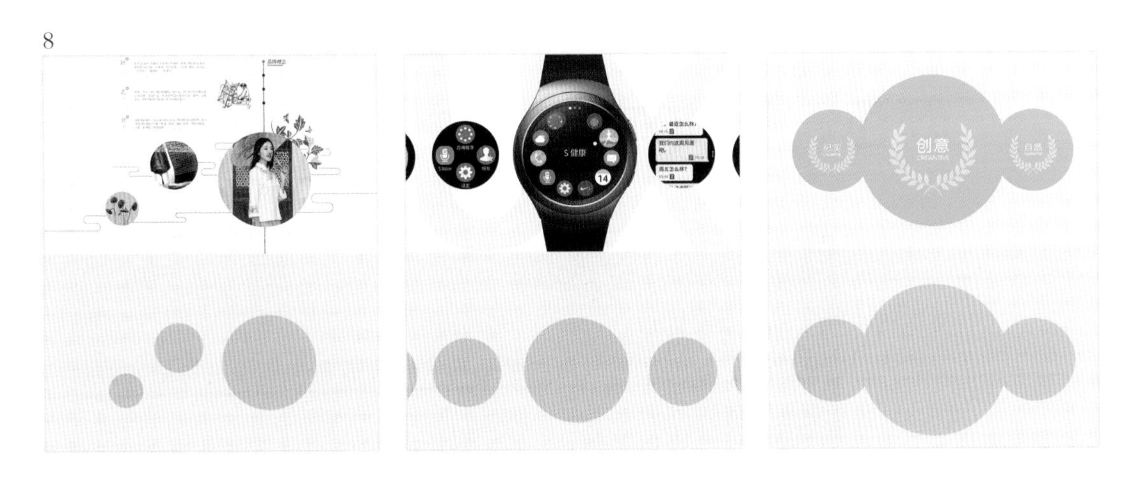

Ⅳ - 其他形式对比

除了以上三种对比方式，还有多种对比方式，如曲线对比、S 型对比、不规则对比等。下面列举一些其他样式的对比案例（图 9），大家可以对照一下它们和上面的几种对比方式有什么不同之处。

9

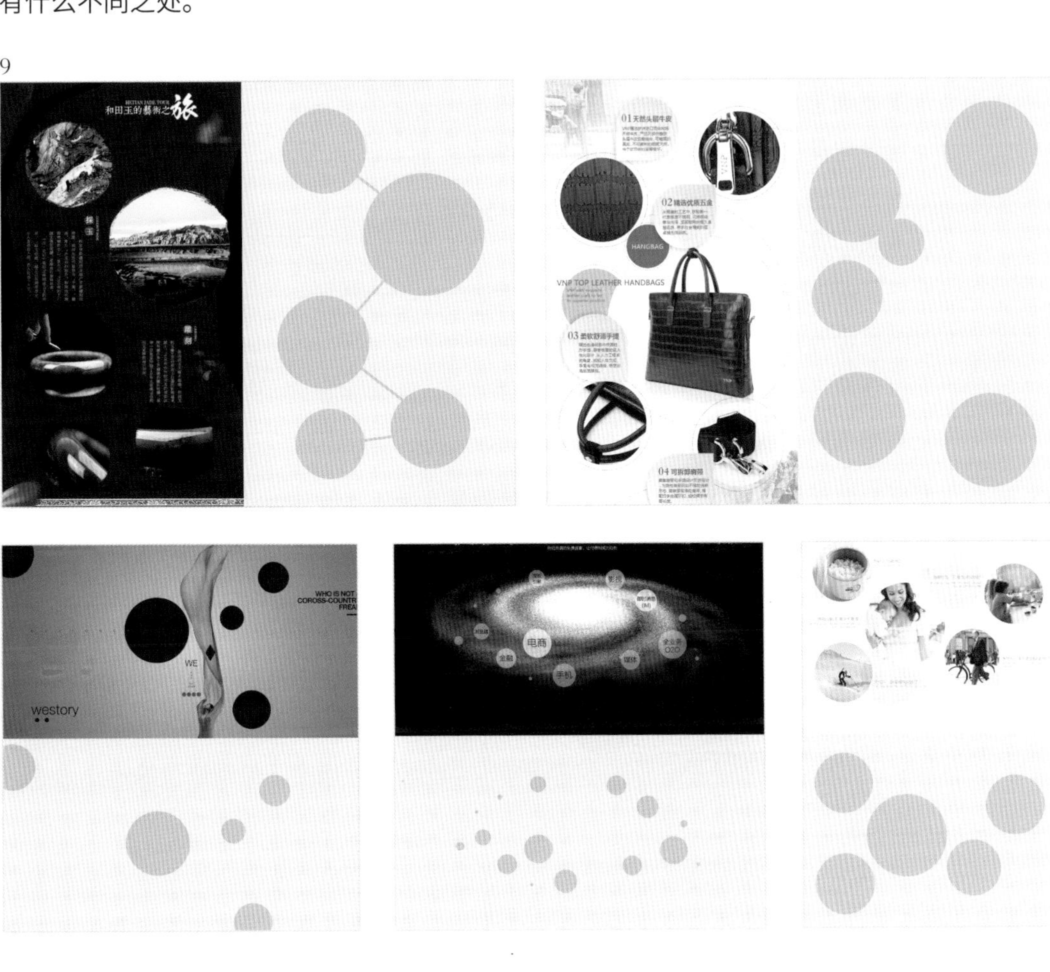

颜色、材质对比

在做对比设计的时候，除了改变圆形大小的方式以外，还可以通过颜色对比、材质对比等方式进行对比设计。若你想要在保持几个圆形图形大小一致的情况下对它们做出比较，我们就可以将主题图形的颜色或者材质设计得更为鲜亮以便达到局部突出的目的。

图 10 所示为将几个尺寸大小相差无几的圆形进行比较，其中明黄色的圆形则一下子吸引住了我们的目光，因为按照我们视觉接纳颜色的程度来说，纯度越高的颜色越容易被我们在第一时间发现。可能细心的朋友发现了最右边还有一个亮黄色的小球，它的纯度几乎达到了 100%，但因为它的占据面积很小，所以它在该画面中并没有被当作第一视觉主体。

10

图 11 所示为一幅材质对比的图例，设计师为了突出中间粉底盒区域仅保留了中间的粉底色，其它的粉底盒均去掉了固有的颜色从而变成暗灰色，这种以材质做对比的设计方式也被很多设计师广泛使用。

11

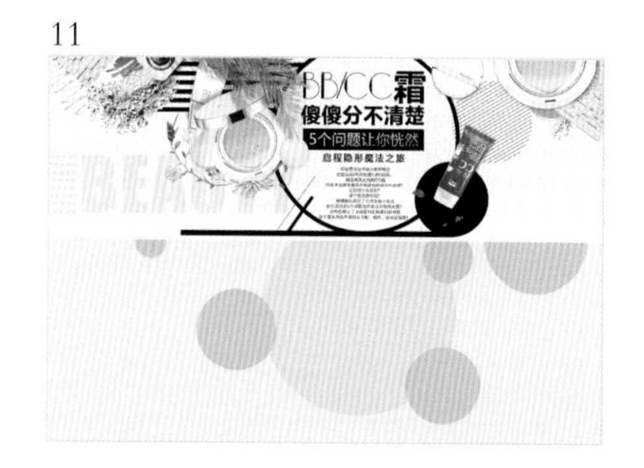

其他对比

除了以上几种比较常用的对比方式之外，还有一些比较破格的对比方式，比如合并相交、分裂错位等对比方式。

一、合并相交

12

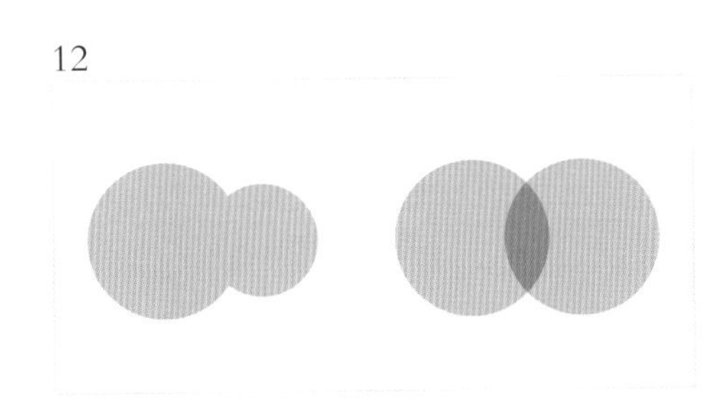

合并相交是指两个圆形通过重叠的方式相互交替，你中有我，我中有你（图 12）。我们可以通过增加或缩小圆形的面积，从而灵活地去满足设计上的需要；也可以通过改变圆形的透明度，从而实现透叠或者遮挡的奇特效果，合并相交案例如图 13 所示。

13

二、分裂错位

14

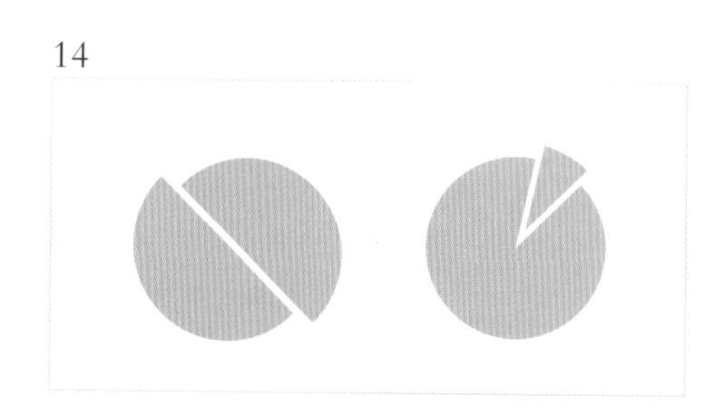

在详情页里面，分裂错位经常被用来做品牌介绍或者是数据分析，它的错位表象能给画面带来强烈的冲击视觉效果（图 14）。

15

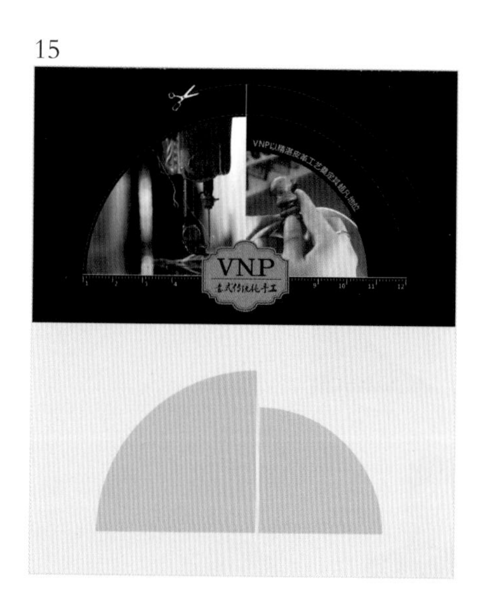

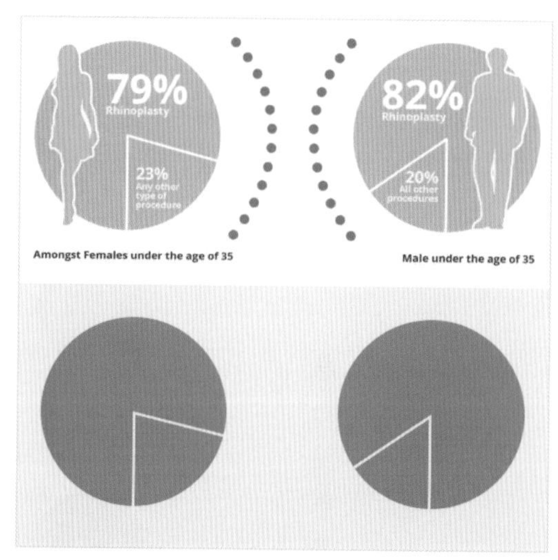

圆形的变化还有很多种形式（图 15），只要是符合对产品的恰当表现，大家都可以去尝试使用，毕竟创艺类的行业里面没有什么能禁锢我们的大脑，我们需要在各种风格中去寻求自身能力的提升。

圆形元素在界面设计中的规范运用

概述：

上一小节我们讲到了圆形的视觉特征及表现手法，本节主要让大家了解与掌握关于圆形元素在界面设计中的几种规范运用。

实际上前面我们已经讲到了方形，它代表着静、直线、规则、严肃和理性，下面来分析一下圆形适合出现在画面的哪些部位，明白它的规律后将有利于我们正确使用圆形。

01 圆形的聚焦功能

圆形可以更好、更快地帮助用户聚焦到人脸或者产品本身，如图 16 所示。

16

虽然图 16（左图）能够完整地呈现人物特征，但是干扰信息太多，例如背景中的铁轨、黑白交替的背影、凹凸不平的石块等。两幅图相比较，图 16（右图）更为清晰地展示了人物的脸部特征，我们能够将注意力更加集中在她的五官上面。现在摄影师拍摄的照片质量参差不齐，我们在遇到画面构图或者是重心不那么美观的情况下，圆形的头像更有利于忽略照片复杂凌乱的背景，提高头像或产品的识别率。

再来看一个例子，上次我在天猫商城中无意浏览到一张广告图片（图 17），我不给你们说该商家是在向我们推荐什么样的产品，你们能够从图片中识别出来吗？

17

18

现在我也记不起来是哪个网站的图片了，不过我知道它是以鞋为主题打的广告。如果我们在这里将图 17 合理地使用圆形聚焦功能，则可以表现为图 18 所示的两种形式。

通过图 18 的两幅图片，我们一眼就可以分辨出该商家是想推销他们的休闲皮鞋。

除了显示局部，圆形聚焦功能也常被设计师用来表述产品的特有功能。

图 19 所示为关于球鞋的广告，球鞋最大的问题就在于它并不透气，此广告为了解决这一问题就采用了比较夸张的表现方式，球鞋透气的部位利用圆形聚焦功能将局部用放大镜拉大的方式并附加上了气体，让我们对该款球鞋的透气性有了足够自信。

当然，我并不是说图片不要设计为方形的，我们在生活中看到的大多数相框都是方形的，反而圆形的相框相对较少，这是由于大多数的照片都是方形的。因为，我们在后期处理的时候，通过裁剪后的圆形轮廓来表现头像，就能够快速地和方形照片区分开来，使得主体更为突出。在 CSS3 技术快速发展的时代，我们可以在 HTML 里面轻松地使用 border-radius 绘制圆形。

圆形的聚焦功能通常被我们使用于人物

19

面部表情或者是产品的功能特性，所以我们看到 QQ 手机移动版里面的头像多半都是以圆形为主，如图 20（左图）所示。这是因为腾讯公司很理性地考虑到使用圆形的头像目的是为了让 QQ 用户能够在小的屏幕里面也能够很好地展示自己的头像，唯有圆形更能充分展示出头像的特征。如果是使用方形来作为头像轮廓，那么照片的构图就会更加随意，通常是全身或者是半身照片。拿微信举例，如图 20（右图）所示，看看自己好友的头像，你就会发现它与 QQ 头像之间存在的差异性。下面是两幅 APP 的截图，左图是 QQ 头像，右图是微信头像，大家可以看到用户通过自己上传的头像能够适用于两种不同的表现方式，证实了就算是普通的用户也能判断自己的头像究竟放在什么样的空间内是最合适的。

20

02 圆形轮廓图标

在 UI 设计中，图标也是一种不可或缺的元素。在详情页里面，带圆形轮廓的图标更是被广大设计师广泛运用（图 21）。

21

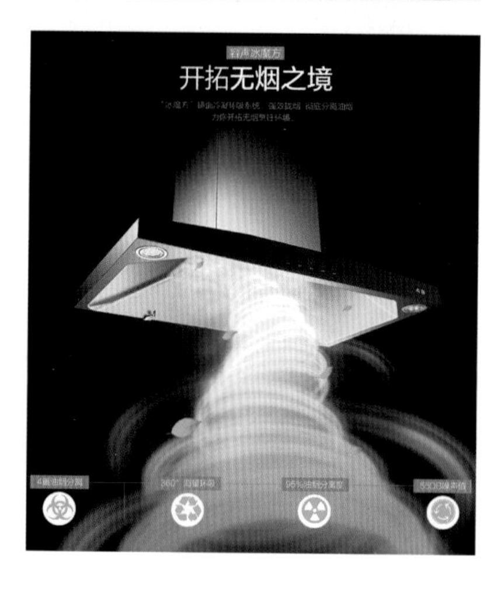

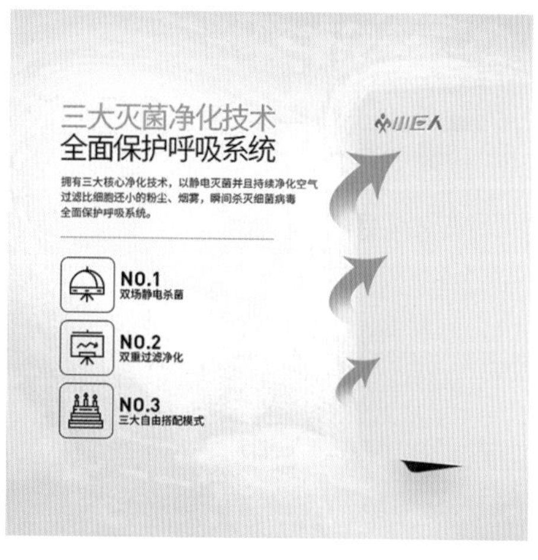

在图 21 所示的 4 幅图中，左侧两幅图片的图标是横排，而右侧两幅图标是竖排。因此，只要图标分布均匀、合理，采用哪种排列方式并不受我们传统思维的限制。我们应该注意的是在设计图标时选用什么样的轮廓最适合它。我们在平时浏览详情页时几乎很少会看到没有轮廓或者是带矩形异常方正的图标，那么我们来分析下为何大部分设计师都会采用圆形而非矩形的图标呢？

❶ 若是去掉图标的轮廓，则会呈现给大家一种什么样的形态呢？下面就先来举例看一下图标不要外轮廓会是什么样（图 22）。

22

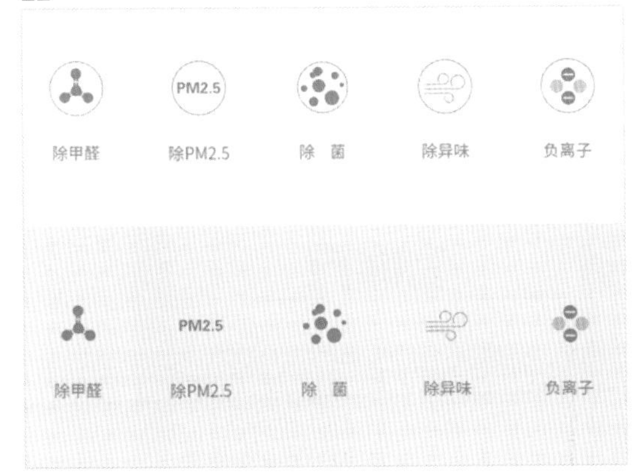

23

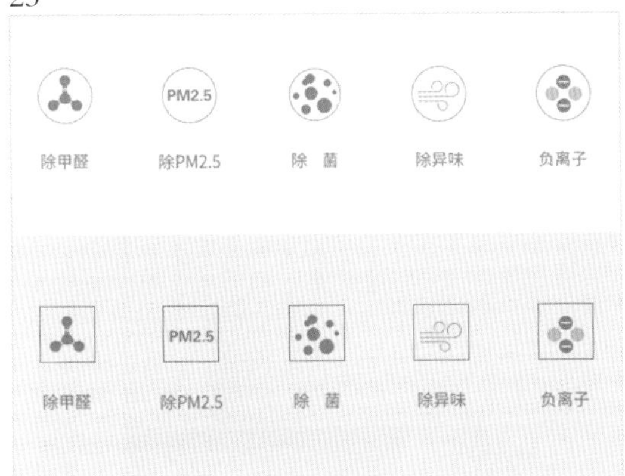

我将图22所示的图标去掉了圆形边框，图标给人的感觉就是一下子失去了固有的形态，同时整体的平衡感也被打破，细小的图标显得十分不起眼，而用色大块的图标又显得异常突出。因为每个图标的功能各不相同，如果只是单纯地去掉轮廓，那么此图标一定会显得十分凌乱，缺乏有效的统一与规范性。大家都知道圆形是一个封闭的球体，加上圆形能够弱化相邻图标的差异性，让其变得规范、统一。同时，圆形图标也向大家展示出各个图标在功能上是平等、均匀的，不会因为某个图标因为设计得较复杂而让用户感觉到它会更加引人注目。

❷ 如果我们将圆形边框转化为矩形边框，所呈现出来的效果又会是怎样呢？效果如图 23 所示。

通过图 22 和图 23 中圆形与矩形的对比显示，我们一下看出了它们之间的差异化，有矩形外框的图标给人感觉比较呆板、严肃，圆形相比较起来，就显得灵活、美观得多，不难理解为什么设计师偏爱圆形而非矩形图标了。

❸ 圆形能够使图标在方形的页面中脱颖而出，通过以上几个例子，我们能够一眼将画面中的图标识别出来。这是由对比关系形成的，由于电脑屏幕是方形的，因此看到的界面中大多元素也是方形的，在矩形占据大部分页面的时候，通过一些少量的圆形进

24

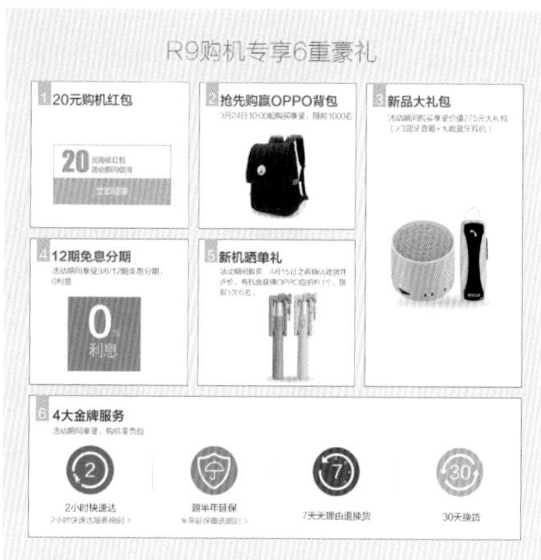

行点缀修饰，圆形自然会在界面中形成焦点（图 24），通过扩大界面的截取范围，大家可以看到圆形图标在矩形繁多的界面中所起到的突出作用。

通过以上几个例子，大家应该明白了为什么圆形图标那么受欢迎。如果大家在没有很好的造型功力为前提的保障下，尽可能地使用带圆形轮廓的图标。圆形图标不仅受用于功能性的图标，很多设计师还将圆形图标作用于网站底部右下角“返回顶部”的功能，它也能在本不起眼的角落唤醒用户的点击。

03 圆形与方形的巧妙结合

若将圆形与方形巧妙地组合分布，除了能让原本枯燥乏味的界面变得生动活泼，也能够更好地帮助用户实现功能上的引导。我们只有做好了界面的体验性与实用性，才能够使得一个网站的销售取得成功。下面对几个圆形与方形搭配得比较好的图例进行分析研究，掌握好了这些规律，今后我们在设计界面的时候也能巧妙地使用圆形元素给页面增加亮点。

一、圆形的引导功能

图 25 所示为一幅女装详情页界面。每个女人都期望穿上一件美丽的蕾丝长裙，该图中设计师将圆形元素运用得十分巧妙。设计师将一个带蕾丝材质的圆形图案放置于模特的正下方，一来将人们的视线引领到模特周围的圆形区域，直奔重点；二来使画面的构图更加饱满、美观，如果我将该图的圆形蕾丝元素去掉（图 26）。大家会不会一下子觉得页面缺少的元素太多，而且画面也变得零散不堪。所以圆形元素除了具有修饰作用之外，还具有引导作用，将美感与功能齐聚一起，我们在遇到页面构图还不够完善却又不知道该从哪儿着手的时候，可以考虑添加圆形元素进而营造画面的充实感。

25

26

27

28

二、圆形充当按钮角色

圆形元素除了给画面的构图增添充实感以外，它还可以充当具有购买需求功能的按钮及标签。比如说某家网站想在节日里策划活动促销，他们很多时候会在产品上面打上圆形的促销价签，就是为了引人注目，还会使用红色等较醒目的色系进行突出宣传。

图 27 所示为关于洗发水的促销页面。暖色系的大红圆形图标与大多偏冷的天蓝色系的产品形成了强烈的色温对比。由于这里讲的内容更侧重于产品的功能需求性，用户会更关注于产品本身的价格优势，所以在视觉的美观程度上相对欠缺，毕竟经营促销的产品不会像 LV、GUCCI 等奢侈品那样的熟练稳重，所以我们就应该将它们的功能性尽可能地展现出来。我们的目的是为客户解决销量的问题，并不是充当纯粹的创作型艺术家。

三、圆形的拟物化

在很多时候，我们看到很多产品自身就是圆形，它既满足了圆形的形式感，又能够给页面营造一个相应的文化气息。

图 28 所示为一个售卖光盘的商家，它使用了外观带圆形轮廓的留声机形式，圆形轮廓与唱片形状保持一致，虽然占据了页面的主要空间，但是让用户体验到音乐的文艺气氛。由于留声机流行于 20 世纪 30 ～ 40 年代，该商家售卖的光盘内容也是一些经典的老歌，所以留声机和黑白照片的设计给人有一种怀旧的感觉。

图 29 所示也是一个圆形拟物化的图

29

例，图中的圆形十分醒目。设计师将手机镜头放大后设计在视觉中心的位置，该图片不仅将圆形拟物化，而且还将产品本身设计得如此精致有质感，可以算得上是一幅优秀的设计作品。

四、圆形的增减值

圆形的增减值是指将圆形比拟为容器的角色，它既可以被当作手机的充电状态，也可以被比作金额的大小。增减值类似于饼状图，它大多数情况下被商家用于对产品的数据额度展现。

图 30 所示为一部关于手机介绍的图例，绚丽的充电状态是这款手机的不同之处，电量越多则液体涨幅越高，同时会有水波左右游走的动态特效，栩栩如生的动效让本来静态的图片变得灵动起来。

30

31

图 31 所示为乐动力的 APP 首页截图。步数越多，则圆环的进度值越多，超过了一天锻炼所需的步数，渐变色则布满圆环，图 31 正是一个超额完成步数训练的状态。

我们通过以上图例可以发现，在使用圆形元素时要掌握好页面的平衡关系，例如左右和上下位置的居中对齐问题。为了保证页面的均衡和简洁，我们通常会在圆形元素周围保留较多的空白区域，俗称的“留白”设计，在第八章已详细介绍了关于留白的设计原理及技巧。

chapter 10 / 第十章

第十章

素材鉴赏

资源整合

作为一名合格的设计师，其实在很多时候都是在与素材打交道。你是否有疑问，找到的东西很普通，似乎在哪里见过。如果你能发现这个问题，我首先要恭喜你，至少你在设计领域方面是力求上进、推陈出新的。在时间允许的情况下，没有设计师愿意做的东西和别人一模一样。这就好比，一个女孩子，发现今天自己穿的衣服，和身边某人同款，她们往往不会很高兴。人都有追求差异性的需求，找素材同样如此。

以新年主题为例给大家介绍应如何在酷站找到适合于相关设计的素材。虽然大家每年都设计创作以节日类为主题的作品，然而大家想过今年过节设计的作品将会呈现出什么样特别的东西呢？在大家的印象中，新年是什么？会联想到什么好玩或好吃的东西呢？

比如鞭炮、红包、车票、灯笼、对联……（图 1）

1

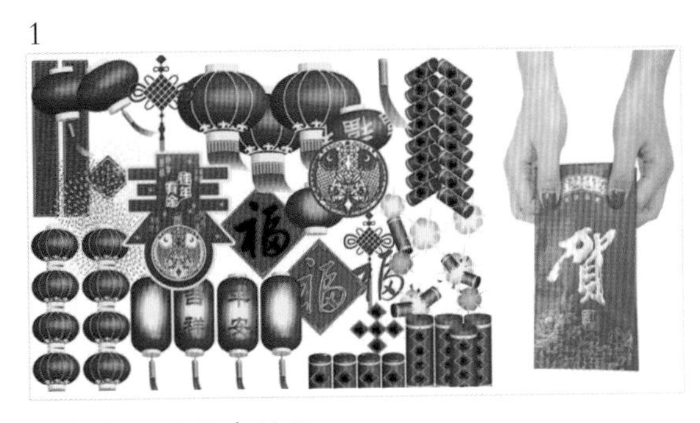

新年主题的搜索结果。

当联想到设计主题，一旦构思出画面，大家估计会马上着手收集素材。当设计师在创作作品过程中需要发挥很强的创意性时，其实更多的是需要我们采用图片合成的处理方式，这就要求图片质量起码要在清晰的状态。图片背景尽量简单，而且对象本身视觉效果良好。可是，别的问题又来了，我们随机抽取两个国内搜索引擎为例，结果大部分查到的东西如图 2 所示。

2

关键词：鞭炮

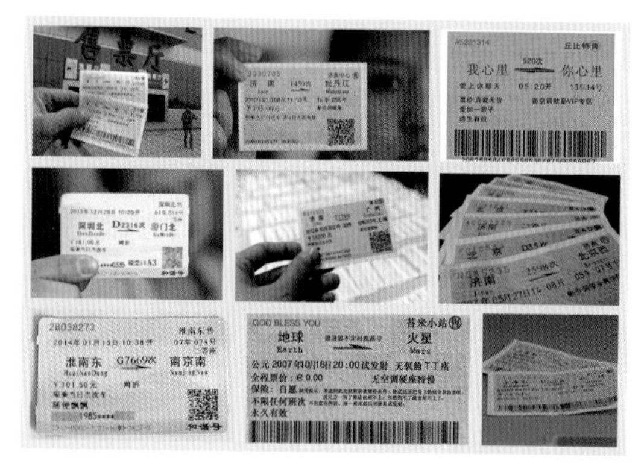

关键词：车票

关键词：红包

对图 2 中三个关键词搜索出来的结果有什么感觉？第一印象，是不是感觉还行？

A 选项：还不错，可以马上使用！

如果你有这种感觉，只能证明你还是一张白纸，还没见过更好的设计，随意一张粗稿就可以将就你。估计你阅读完这篇文章，会发现另一片天地。

B 选项：怎么这么多广告，这哪是素材？

如果你有这种感觉，那么恭喜你，看来你是见过好设计的朋友，知道什么是好设计，眼光高应是每个设计师应该锻炼的基本功。

你会说，我们有专业的设计素材库。确实，这是对任何从事创意设计朋友的最大福音，不过相反的也会带来最大的制约。尤其你拥有的图库已经能帮助到你完成绝大部分的设计工作。想依赖素材而快速完稿是继续取得进步的障碍。

什么是专业图库？需要注意的是，其实直接免费使用专业图库也不一定被允许。大部分的免费素材可能只是网友上传，所以，一般完全写明“可反复修改并用于商业用途”的字样才是可以被正式允许使用的。接下来，给大家介绍几个国外知名素材网站，希望能对大家今后从事设计工作有实质性的帮助。

一、站名：pixabay

网址：http://pixabay.com

寻找免费且高质量的图片是一件单调乏味的事情，主要是源于版权问题或是署名要求，规避这两个问题或许又会担心图片的质量不好。因此 Hans Braxmeier 和 Simon

Steinberger 在德国创立了 Pixabay，一间超高质量且无版权限制的图片储藏室。

这里是您下载免费矢量图、插图及照片的最佳来源。您可以以数字或印刷的形式使用任何来自 Pixabay 的图像而无须标明版权，哪怕是在应用于商业的情况下。

我们来试一下在 Pixabay 站点使用不同的语言能搜索出来哪些素材。

使用中文搜索的结果（图 3）：

3

爆竹

使用其他语言搜索的结果，如图 4 所示（左侧图片为英文搜索，右侧图片为日文搜索）：

4

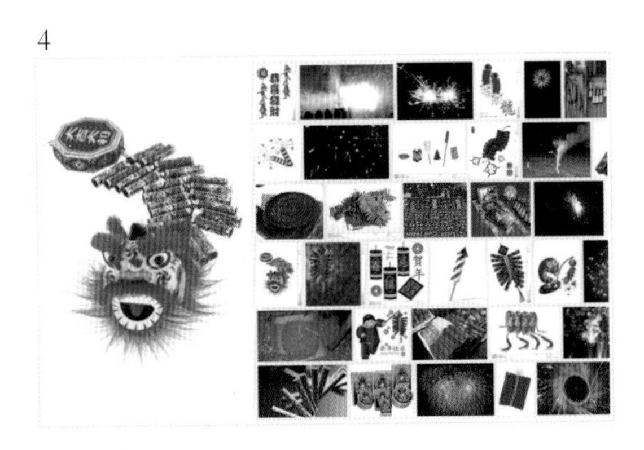

firecrackers

爆竹を鳴らす

由于 pixabay 站点充斥着大量免费高质量的图片，因此不要只是简单地拿中文字搜索，试试用不同语言搜索，你将会找到多种不同的素材资源。

二、站名：A search engine with taste.Niice

网址：https://niice.co

Niice.co 设计师视觉搜索引擎是一个设计师专用的视觉搜索引擎，内容由设计社区 Dribbble、Behance 和 Designspiration 提供。搜索质量高，而且设计都很美观。可直接搜索关键字，比如各种颜色、主题等。

5

搜索词：happy new year　　出自站点：niice
网　址：https://niice.co

同样的，以关键字“happy new year”（需要知道简单的英文单词，以便搜索）搜索即可得到如图 5 所示的相关素材。

因为这个站点整理的大部分是整合设计社区作品，所以要明白不同的库要做不同的东西。当你需要寻找一个参考时，这个站点是利器。能看到世界各地不同创意人的想法。

我再给大家推荐两个能给你带来灵感的图片站点，同样输入英文字母“happy new year”，即可得到以下展示：

6

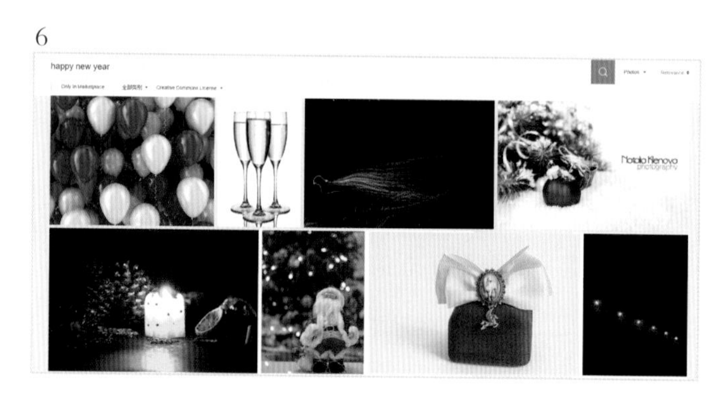

搜索词：happy new year　　出自站点：500px
网　址：https://500px.com/popular

7

搜索词：happy new year　　出自站点：Wallhaven
网　址：http://alpha.wallhaven.cc

掌握了这个将中文转成英文之后再搜索的办法，你会发现一片新天地。那么如何使用这个技巧呢？以中文为主的关键字用中文搜索结果最好，当你用英文搜索时，或许能产生一些独特视角。例如，鞭炮、红包这类华语地区特有的元素。当用英文搜索时，找到的是更贴近西方文化的元素，得到的结果甚至会最优，如城堡（castle）、彩虹（Rainbow）。接下来我们使用中英文在不同的素材网站进行搜索，看看结果会有什么不同。

8

国内普通的搜索引擎搜索“城堡”

专业的图库搜索“城堡”

从整体上来看，如图 8 所示的两组图片看来都不错，而且有几张图片的质量相当高。可是，有没有发现一个问题？那就是上面的内容与我们没有搜索时的期望值基本是持平的。也就是说，我们大概能想到得到这样的结果，与大部分人的思维模式是一致。但是，利用英文进行搜索后得到的素材，确实能给我们带来一些惊喜，能搜索出我们意想不到的内容，接下来我们使用英文进行搜索。

9

国外普通搜索引擎搜索“castle”

社交分享网站搜索“castle”

如图 9（左图）所示，这是一种很棒的构图形式感，如果用在版式中，效果应该不错。黑白二色的穿插相当地有节奏感。

如图 9（右图）所示，社交分享网站居然还能搜索出人、马，还有一些圆形的城堡造型。

当然，能快速地找到你所需要的图片，绝对是个大学问。其实每种类型的图片，都有其对应的技巧。相信大家在今后的设计过程中，通过以上的方式方法来搜索你所需要的图片，自己也会总结出一系列便捷的搜索方式。

酷站推荐

上节内容教大家寻找素材的方式方法，本节给大家推荐一些酷站以帮助参考学习，使你在短时间内让自己的设计能力得到较大的提升。下面我将一些觉得比较具有代表意义的网站推荐给大家。

一、素材网站推荐

中国素材	http://www.sccnn.com
365PSD	http://cn.365psd.com
昵图网	http://www.nipic.com
站酷	http://www.zcool.com.cn
千图网	http://www.58pic.com
pixabay	https://pixabay.com
500px	https://500px.com
WallHaven	http://alpha.wallhaven.cc
图翼网	http://www.tuyiyi.com
花瓣网	http://huaban.com
ui-cloud	http://ui-cloud.com
freebiesbug	http://freebiesbug.com
brusheezy	http://www.brusheezy.com
Subtle Patterns	http://subtlepatterns.com

二、网页配色推荐

Kuler	https://color.adobe.com/zh/create/color-wheel
material palette	http://www.materialpalette.com
design seed	shttp://design-seeds.com
pinterest	https://www.pinterest.com
配色网	http://www.peise.net
魔秀创意	http://mcolor.sinaapp.com
中国色彩大辞典	http://color.uisdc.com
COLRD	http://colrd.com

三、设计教程

优设网	http://www.uisdc.com
psd 爱好者	http://www.psahz.com
站酷	http://www.zcool.com.cn
我要自学网	http://www.51zxw.net
psdbox	http://www.psdbox.com
PSD Tuts+	http://design.tutsplus.com
textuts	http://textuts.com
68ps	http://www.68ps.com

四、酷战集合

dribbble	dribbble	https://dribbble.com
Behance	behance	https://www.behance.net
UI	UI 中国	http://www.ui.cn
黄蜂网	黄蜂网	http://woofeng.cn
The Best Designs	the best designs	https://www.thebestdesigns.com
	reeoo	http://reeoo.com

五、字体设计

Qiuziti	求字体网	http://www.qiuziti.com
ChinaZ	站长字体	http://font.chinaz.com
a5字体 admin5.com	A5 字体	http://ziti.admin5.com
dafont .com	dafont	http://www.dafont.com
4db	日本 4db	http://4db.cc